U0864933

企业新工人三级安全教育培训教材

电力企业新工人三级安全教育

韩绪鹏　主编

中国劳动社会保障出版社

图书在版编目(CIP)数据

电力企业新工人三级安全教育 / 韩绪鹏主编. -- 北京：中国劳动社会保障出版社，2023

企业新工人三级安全教育培训教材

ISBN 978 -7 -5167 -6064 -2

Ⅰ. ①电…　Ⅱ. ①韩…　Ⅲ. ①电力工业 - 安全生产 - 安全教育 - 教育培训 - 教材　Ⅳ. ①TM08

中国国家版本馆 CIP 数据核字(2023)第 168494 号

中国劳动社会保障出版社出版发行

(北京市惠新东街 1 号　邮政编码：100029)

*

北京市科星印刷有限责任公司印刷装订　　新华书店经销

880 毫米 ×1230 毫米　32 开本　7.125 印张　191 千字

2023 年 9 月第 1 版　　2023 年 9 月第 1 次印刷

定价：26.00 元

营销中心电话：400 -606 -6496

出版社网址：http://www.class.com.cn

版权专有　　侵权必究

如有印装差错，请与本社联系调换：(010) 81211666

我社将与版权执法机关配合，大力打击盗印、销售和使用盗版图书活动，敬请广大读者协助举报，经查实将给予举报者奖励。

举报电话：(010) 64954652

内容简介

为实现碳达峰、碳中和目标，以新能源为主体的新型电力系统正在加速构建中。为适应新型电力系统背景下电力行业新工人三级安全教育工作，本书紧跟电力行业转型升级趋势和行业人才新需求，对当前新型电力系统的安全技术知识和安全生产技术技能进行了全面精准的阐述，依据电力行业安全生产的职业标准，系统性总结电力企业的安全生产理论和实践经验，将新安全技术、新安全知识、新安全标准、新安全法律等融入各章节内容。本书主要内容包括概述、电力安全生产基本知识、电力安全工器具与电力系统灭火、电力安全生产技术、典型电力安全生产事故与预防、电力行业职业卫生知识、电力行业应急救援知识。全书由浅入深，由基础到专业，通俗易懂，实用性和前瞻性好。本书既可作为电力企业新工人的三级安全教育培训教材，也可作为高等职业教育电力技术类专业的电力安全生产技术课程教材，还可供从事电力企业生产管理的人员阅读和参考。

本书的主编为韩绪鹏，副主编为张振宇、王远瞧、胡金华、沈凯，参与编写人员有罗松林、崔闯、辛佳璇、韩林善。本书在编写过程中得到了广西电力职业技术学院、三峡电力职业学院、南方电网东莞供电局、国网吉林省电力有限公司洮南市供电公司、华能松原热电有限公司的大力支持和帮助。全书由韩绪鹏负责统稿。

前　言

《中华人民共和国安全生产法》规定，生产经营单位应当对从业人员进行安全生产教育和培训，保证从业人员具备必要的安全生产知识，熟悉有关的安全生产规章制度和安全操作规程，掌握本岗位的安全操作技能，了解事故应急处理措施，知悉自身在安全生产方面的权利和义务。未经安全生产教育和培训合格的从业人员，不得上岗作业。

《生产经营单位安全培训规定》（国家安全生产监督管理总局令第 3 号）规定，煤矿、非煤矿山、危险化学品、烟花爆竹等生产经营单位必须对新上岗的临时工、合同工、劳务工、轮换工、协议工等进行强制性安全培训，保证其具备本岗位安全操作、自救互救以及应急处置所需的知识和技能后，方能安排上岗作业。加工、制造业等生产单位的其他从业人员，在上岗前必须经过厂（矿）、车间（工段、区、队）、班组三级安全教育培训。

企业对新入厂的工人进行三级安全教育，既是依照法律履行企业的权利与义务，同时也是企业实现可持续发展的重要措施。

不同行业的企业生产特点各不相同，存在的危险因素也大相径庭，要求从业人员掌握的安全生产技能和知识也有所不同，很难通过一本书来面面俱到地涉及不同行业需要的不同内容。“企业新工人三级安全教育培训教材”按行业分类，更加深入、细致、全面地介绍相应行业的生产特点和技术要求，以及本行业从业人员可能遇到的典型危险因素，有助于新工人快速地掌握本行业的安全生产知识，更贴近企业三级安全教育的要求，利于本单位、本企业进行新工人培训时使用，使新工人在学习了相关内容之后能够顺利地走上工作岗位，并对其今后正确处理工作中遇到的安全生产问题具有指导意义。

我社于2008年、2016年组织编写了两版“新工人三级安全教育丛书”，受到了广大企业的欢迎和好评，并将这套丛书作为企业新工人三级安全教育的教材和学习用书，取得了很好的效果。近年来，我国对安全生产相关的法律法规进行了一系列的制修订，安全生产技术也有了新发展，为了能够给各行业企业提供一套适应时代发展要求的图书，我社组织对原版图书进行了重新编写。为保障新工人教育培训考核的需要，丛书以教材的形式编写，设立了本章学习目标、复习思考题及本章小结。教材内容以实用、管用、够用为目标，向新工人讲解安全生产、职业健康基础知识与技能，删除复杂的理论知识。是企业用于新工人三级安全教育的理想培训教材。

目　录

第一章　概　　述

本章学习目标

(1) 了解电力企业三级安全教育的主要内容。

(2) 理解电力企业安全生产的方针、原则和责任。

(3) 了解电力企业安全生产的法律法规。

(4) 掌握电力企业从业人员的安全生产权利和义务。

(5) 了解新型电力系统安全生产的特征与挑战。

第一节　电力企业三级安全教育的主要内容

三级安全教育制度是企业安全教育的基本制度。安全教育的对象是新进厂的人员，包括员工、临时工、季节工、代培人员和实习人员。三级安全教育通常是指厂级安全教育、车间级安全教育、班组级安全教育。电力企业的三级安全教育授课时间累计不能少于24学时（45～50分钟为1学时），在我国电力企业主要包括发电企业、电网企业、电力基础设施建设企业。

一、三级安全教育的内容

1. 厂级安全教育

（1）讲解国家关于安全生产的方针、政策、法律、法规及行业相关的规程、规定，讲解劳动保护的意义、任务、内容及基本要求，使新进厂人员树立“安全第一、预防为主、综合治理”和“安全生产，人人有责”的思想。

（2）介绍本企业的安全生产情况，包括企业发展史（含企业安全生产发展史）、企业生产特点、企业设备分布情况（着重介绍特种设备的性能、作用、分布和操作注意事项）、主要危险和要害部位及基本安全生产知识，介绍企业的安全生产组织机构及企业的主要安全生产规章制度等。

（3）介绍企业安全生产的经验和教训，结合自身企业和电力行业常见事故案例进行案例讲解，阐明伤亡事故的原因及事故处理程序等。

（4）对受教育人员提出工作要求。要求受教育人员要按《中华人民共和国劳动法》和《中华人民共和国劳动合同法》积极工作；在生产劳动过程中努力学习安全技术和操作规程，经常参加安全生产经验交流、事故分析活动和安全检查活动；要遵守操作规程和劳动纪律，不擅自离开工作岗位，不违章作业，不随便出入危险区域及要害部位；要注意劳逸结合，正确使用劳动防护用品等。

新进厂人员必须全部进行教育，教育后要进行考试，成绩不合格者要重新教育，直至合格，并填写职工三级安全教育信息记录表。

厂级安全教育的授课时间一般为 8 学时。

2. 车间级安全教育

各生产车间有不同的生产特点和不同的要害部位、危险区域和设备。因此，在进行车间级安全教育时，应根据各自的情况详细讲解，主要内容应包括以下几点：

（1）介绍本车间的生产特点、性质。如车间的生产方式及工艺流程；车间人员结构，安全生产组织及活动情况；车间主要工种及作业中的专业安全要求；车间危险区域和作业场所、有毒有害岗位情况；车间安全生产规章制度和劳动防护用品穿戴要求及注意事项；车间事故多发部位、原因，以及相应的特殊规定和安全要求；车间常见事故案例及分析；车间安全生产、文明生产的经验与问题等。

（2）根据车间的特点介绍安全技术基础知识。

（3）介绍消防安全知识及事故应急自救和逃生的方法。

（4）介绍车间安全生产和文明生产制度。

车间级安全教育的授课时间一般为 8 学时。

3. 班组级安全教育

班组是企业生产的最基层单位，生产活动是以班组为基础的。由于操作人员活动在班组，机具设备安装在班组，事故常常发生在班组。因此，班组安全教育非常重要，主要内容应包括以下几点：

（1）介绍本班组的生产概况、特点、范围、作业环境、设备状况、消防设施等。重点介绍可能发生伤害事故的各种危险因素和危险部位，可利用一些典型事故案例进行剖析讲解。

（2）讲解本岗位使用的电气设备、工器具的性能，防护装置的作用和使用方法。讲解本工种安全操作规程和岗位责任及有关安全注意事项，使学员真正从思想上重视安全生产，自觉遵守安全操作规程，做到不违章作业，爱护和正确使用电气设备、工具等。介绍班组安全活动内容及作业场所的安全检查和交接班制度。教育学员发现事故隐患或发生事故时应及时报告领导或有关人员，并学会如何紧急处理险情。

（3）讲解劳动防护用品的正确使用、保管方法及安全文明生产的要求。

（4）进行实际安全操作示范，重点讲解安全操作要领，边示范边讲解，说明注意事项，并讲述哪些操作是危险的、是违反操作规程的，使学员懂得违章作业将会造成的严重后果。

班组安全教育的授课时间一般为 8 学时。

二、三级安全教育的组织实施、要求及意义

1. 三级安全教育的组织实施

厂级安全教育培训一般由企业人事部门组织，安全技术管理部门与教育部门配合共同实施。车间级安全教育培训由车间负责人会同车间安全管理人员负责组织实施。班组级安全教育由班组长会同安全员、带班师傅组织实施。

2. 三级安全教育的要求

（1）程序上一般要求厂、车间、班组分别建立职工安全教育档案，由厂级安全管理部门管理，三级安全教育时间不得少于 24 学时，职工经过考试合格后，方能上岗。

（2）职工调整工作岗位或离岗一年以上重新上岗时，必须进行相应的车间级或班组级安全教育。

（3）安全生产贯穿整个生产劳动过程中，而三级教育仅仅是安

全教育的开端。新进厂人员只进行三级教育还不能单独上岗作业，还必须根据岗位特点，对他们再进行生产技能和安全技术培训。对特种作业人员，必须进行专门培训，经考核合格，方可持证上岗操作。另外，根据电力企业生产发展情况，还要对职工进行定期复训安全教育等。

3. 三级安全教育的意义

安全生产关系职工生命，电力企业安全事故大部分是由于工人不懂安全操作知识，误操作或违章作业而造成的。三级安全教育是职工接受的一次正规的安全教育。因此，应以对职工生命高度负责的责任感，严把关口，扎扎实实地开展好三级安全教育，发挥教育员工的职能，不断强化员工的安全意识，提高员工的自我保护能力，使员工牢固树立起正确的安全观，积极投入到安全生产中去。三级安全教育的意义包括以下三点：

（1）加强员工法制观念，使员工懂得企业安全生产的各项规章制度是同生产秩序和个人安全密切相关的。从而使广大员工认清自己在安全生产中不单纯是安全管理的对象，更重要的是安全生产的主人，从而提高员工搞好安全生产的自觉性、责任感和积极性。

（2）让员工深刻理解安全与自己的生活、工作、家庭、幸福息息相关，一起重大生产事故，不仅给本人和家庭带来不幸，也给企业以及他人带来巨大的损失。教育员工要在工作中热爱自己的岗位，保持心情舒畅，遵章守纪，与企业同呼吸、共命运。

（3）全技能教育。通过安全技术培训，提高员工劳动技能，克服蛮干和习惯违章的不良习惯，使员工熟练掌握一般安全知识和专业安全技术。

第二节　电力企业安全生产的方针、原则和责任

一、安全生产的方针

安全生产工作应当以人为本，坚持人民至上、生命至上，把保护人民生命安全摆在首位，从源头上防范化解重大安全风险。当

前，我国的安全生产方针是“安全第一、预防为主、综合治理”，这一方针是开展安全生产工作总的指导方针，是长期实践的经验总结。

1. 安全生产方针的含义

“安全第一”是指在生产经营活动中，在处理保证安全与实现生产经营活动的其他各项目标的关系上，要始终把安全特别是从业人员和其他人员的人身安全放在首要的位置，实行“安全优先”的原则。在确保安全的前提下，努力实现生产经营的其他目标。当安全工作与其他活动发生冲突和矛盾时，其他活动要服从安全，绝不能以牺牲人的生命、健康、财产损失为代价换取发展和效益。

“预防为主”是指在实现“安全第一”的各种工作中，做好预防工作是最主要的。它要求人们防微杜渐，防患于未然，把事故和职业危害消灭在萌芽状态。“预防为主”是安全生产方针的核心和具体体现，是实施安全生产的根本途径，也是实现安全第一的根本途径。

“综合治理”是指安全生产必须综合运用法律、经济、科技和行政等手段，从发展规划、行业管理、安全投入、科技进步、经济政策、教育培训、安全文化以及责任追究等方面着手，建立安全生产长效机制，并充分发挥社会、职工、舆论的监督作用，形成标本兼治、齐抓共管的格局。

2. 正确认识安全生产方针

（1）坚持“以人为本”的思想。安全生产方针体现出了“以人为本”的思想。人的生命是最宝贵的，因此始终要把保证员工的生命安全和健康放在各项工作的首要位置。安全生产关系到员工的生命安全，“安全第一”的方针要求各级人民政府、政府有关部门及其工作人员、企业负责人及其管理人员，都必须始终坚持“以人为本”的思想，把安全生产作为经济工作和经营管理工作的首要任务。同样，也要求员工树立“以人为本”的思想，时刻把保护自己和他人的生命安全和健康作为大事，时刻绷紧安全这根弦，当安全与生产发生矛盾时，能够正确处理，确保安全。

（2）坚持预防为主。预防为主就是要把预防安全生产事故的发生放在安全生产工作的首位。对安全生产的管理，主要不是在发生事故后去组织抢救，进行事故调查，找原因、追责任、堵漏洞，而要谋事在先、尊重科学、探索规律，采取有效的事前控制措施，千方百计预防事故的发生，做到防患于未然，将事故消灭在萌芽状态。虽然人类在生产生活中还不可能完全杜绝安全事故的发生，但只要思想重视，预防措施得当，绝大部分事故特别是重大事故是可以避免发生的。从生产事故发生的原因来看：一是对安全生产和防范事故工作重视不够，主要表现为“重生产、轻安全”，把安全生产和经济发展对立起来，对一些重大事故隐患视而不见，空洞说教多，具体落实少，安全监督检查流于形式；二是有法不依，有章不循，执法不严，违法不究；三是重视事故发生后的调查处理，但对预防事故重视不够，必要的安全投入不够，甚至对已经出现的重大隐患没有及时采取防护措施，致使事故发生。因此，坚持预防为主，就要坚持培训教育为主。在提高生产经营单位主要负责人、安全管理人员和从业人员的安全素质上下工夫，最大限度地减少违章指挥、违章作业、违反劳动纪律的现象，努力做到“不伤害自己，不伤害他人，不被他人伤害，保护他人不被伤害”。只有把安全生产的重点放在建立事故隐患预防体系上，超前防范，才能有效减少事故造成的损失，实现安全第一。

（3）坚持综合治理。综合治理就是适应我国安全生产形势的要求，秉承“安全发展”的理念，自觉遵循安全生产规律，正视安全生产工作的长期性、艰巨性和复杂性，抓住安全生产工作中的主要矛盾和关键环节，综合运用经济、法律、行政等手段，人管、法治、技防多管齐下，充分发挥社会、职工、舆论的监督作用，形成标本兼治、齐抓共管的格局，有效解决安全生产领域的问题。实施综合治理，是一种新的安全管理模式，它是保证“安全第一，预防为主”的安全管理目标实现的重要手段和方法，只有不断健全和完善综合治理工作机制，才能有效贯彻安全生产方针。

二、安全生产的原则

在我国，除了应遵循“安全第一、预防为主、综合治理”的安全生产方针外，还应遵循以下八项原则，其中“加强劳动保护，改善劳动条件”是我国宪法规定的安全生产基本原则。

1. 安全生产基本原则

加强劳动保护，改善劳动条件。

2. “三个必须”原则

管行业必须管安全、管业务必须管安全、管生产经营必须管安全。新安全生产法明确企业的决策层和管理层的安全管理职责，生产经营单位的主要负责人是本单位安全生产第一责任人，对本单位的安全生产工作全面负责。其他负责人对职责范围内的安全生产工作负责。

3. 全员安全生产教育培训的原则

对企业全体员工（包括临时工）进行安全生产法律法规和安全专业知识，以及安全生产技能等方面的教育和培训。

4. “三同时”原则

生产经营单位新建、改建、扩建工程项目的安全设施，必须与主体工程同时设计、同时施工、同时投入生产和使用。

5. “三同步”原则

企业在考虑自身的经济发展，进行机构改革和技术改造时，安全生产方面要相应地与之同步规划、同步组织实施、同步运作投产。

6. “四不伤害”原则

教育员工做到不伤害自己、不伤害他人、不被他人伤害、保护他人不被伤害。

7. “四不放过”原则

发生安全事故后原因分析不清不放过、事故责任者和群众没有受到教育不放过、没有防范措施不放过、有关领导和责任者没有追究责任不放过。

8. “五同时”原则

企业生产组织及领导者在计划、布置、检查、总结、评比经营工作的时候，要同时计划、布置、检查、总结、评比安全工作。

三、电力企业的安全生产责任

1. 电力企业是电力安全生产的责任主体

企业是安全生产的责任主体，对本单位安全生产工作负全面责任，要严格履行安全生产法定责任，实行全员安全生产责任制度，健全自我约束、持续改进的常态化机制。要健全法定代表人和实际控制人同为安全生产第一责任人的责任体系，建立并完善电力安全生产保证体系和监督体系，建立全过程安全生产管理制度，做到安全责任、管理、投入、培训和应急救援“五到位”。

电力企业是电力安全生产的责任主体，应当按照国家有关安全生产的法律法规、制度和标准，建立健全电力安全生产责任制，加强电力安全生产管理，完善电力安全生产条件，确保电力安全生产。

2. 电力企业电力安全生产管理基本职责

（1）依照国家安全生产法律法规、制度和标准，制定并落实本单位电力安全生产管理制度和规程；

（2）建立健全电力安全生产保证体系和监督体系，落实安全生产责任；

（3）按照国家有关法律法规设置安全生产管理机构，配备专职安全管理人员；

（4）按照规定提取和使用电力安全生产费用，专门用于改善安全生产条件；

（5）按照有关规定建立健全电力安全生产隐患排查治理制度和风险预控体系，开展隐患排查及风险辨识、评估和监控工作，并对安全隐患和风险进行治理、管控；

（6）开展电力安全生产标准化建设；

（7）开展电力安全生产培训宣传教育工作，负责以班组长、新工人、农民工为重点的从业人员安全培训；

（8）开展电力可靠性管理工作，建立健全电力可靠性管理工作体系，准确、及时、完整报送电力可靠性信息；

（9）建立电力应急管理体系，健全协调联动机制，制定各级各类应急预案并开展应急演练，建设应急救援队伍，完善应急物资储备制度；

（10）按照规定报告电力事故和电力安全事件信息并及时开展应急处置，对电力安全事件进行调查处理。

发电企业应当按照规定对水电站大坝进行安全注册，开展大坝安全定期检查和信息化建设工作；对燃煤发电厂储灰场进行安全备案，开展安全巡查和定期安全评估工作。

电力建设单位应当对电力建设工程施工安全和工程质量安全负全面管理责任，履行工程组织、协调和监督职责，并按照规定将电力工程项目的安全生产管理情况向当地派出机构备案，向相关电力工程质监机构进行工程项目质量监督注册申请。

第三节　电力企业安全生产的法律法规

安全生产法律法规是保护劳动者在生产过程中的生命安全和身体健康的有关法令、规程、条例、规定等法律文件的总称。安全生产法律法规的主要作用是调整生产过程及商品流通过程中人与人之间、人与自然之间的关系，维护劳动法律关系中的权利与义务、生产与安全的辩证关系，以保障劳动者在生产过程中的安全和健康。

一、安全生产法律体系的基本框架

我国安全生产法律体系是包含多种法律形式和法律层次的综合性系统，主要有以安全生产法律法规为基础的宪法规范、行政法律规范、技术性法律规范、程序性法律规范。按法律地位及效力同等原则，安全生产法律体系层级如图 1-1 所示。

1.《宪法》

《宪法》是安全生产法律体系框架的最高层级，其中第四十二条关于“加强劳动保护，改善劳动条件”是安全生产方面具有最高法律效力的规定。

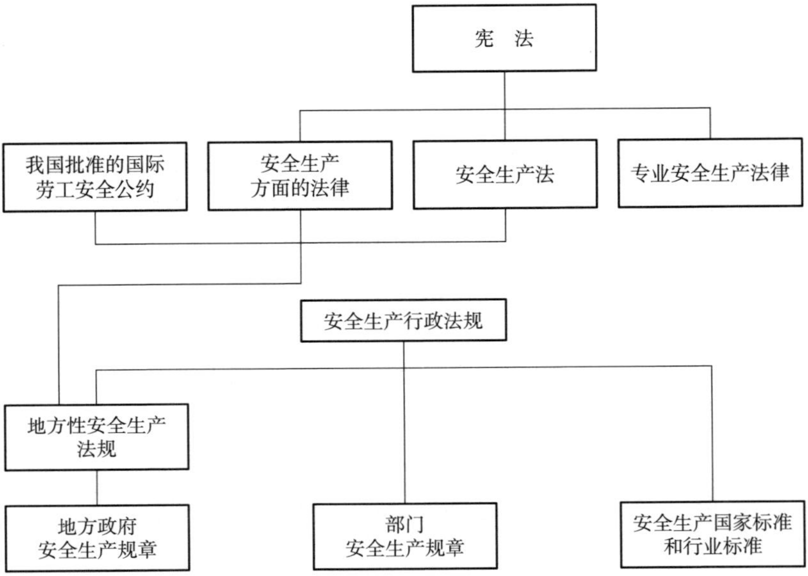

图 1-1　安全生产法律体系层级

2. 安全生产方面的法律

安全生产的基础法是《中华人民共和国安全生产法》以及与它平行的专业安全生产法律和与安全生产有关的法律。《中华人民共和国安全生产法》是综合规范安全生产的法律，是我国安全生产法律体系的“核心”。专业安全生产法律是规范某一专业领域安全生产的法律，如《中华人民共和国矿山安全法》《中华人民共和国海上交通安全法》《中华人民共和国消防法》等。与安全生产有关的法律是指安全生产专门法律以外的其他法律中有安全生产规定内容的法律，如《中华人民共和国劳动法》《中华人民共和国建筑法》《中华人民共和国煤炭法》《中华人民共和国铁路法》《中华人民共和国民用航空法》《中华人民共和国全民所有制工业企业法》等。

3. 安全生产行政法规

安全生产行政法规是国务院为执行安全生产法律和行使安全生

产行政管理职能而制定的具体规定，是实施安全生产监督管理和监察工作的重要依据。安全生产行政法规有《使用有毒物品作业场所劳动保护条例》等。

4. 地方性安全生产法规

地方性安全生产法规是国家安全生产立法的补充，是安全生产法律体系的重要组成部分。地方性安全生产法规虽多由法律授权制定，但其内容不得和法律、行政法规相抵触，其效力低于行政法规。随着《中华人民共和国安全生产法》的颁布实施和安全生产监督管理体制改革，地方性安全生产立法也要及时修订完善。例如，地方性安全生产法规有《北京市安全生产条例》等。

5. 部门安全生产规章和地方政府安全生产规章

根据《中华人民共和国立法法》的有关规定，部门之间、部门规章与地方政府规章之间具有同等效力，在各自的权限范围内施行。地方政府安全生产规章在地方政府实施安全生产监督管理工作中起着十分重要的作用，也需要根据《中华人民共和国安全生产法》的有关规定修订地方政府安全生产规章，使这些规章一方面从属于法律和行政法规，另一方面又从属于地方法规，不得与法律、行政法规、地方法规相抵触。

6. 安全生产标准

有关安全生产方面的标准有国家标准、行业标准、地方标准和企业标准。根据《中华人民共和国标准化法》的规定，国家标准、行业标准分为强制性标准和推荐性标准。保障人体健康、人身、财产安全的标准和法律以及行政法规规定强制执行的标准都是强制性标准。有关安全生产方面的国家标准和行业标准是实施安全生产管理和监督执法的重要技术依据。强制性标准与世界贸易组织《技术性贸易壁垒协定》（WTO/TBT）规定的技术性法规在制定范围和作用上是基本一致的，其作为我国技术法规的主要表现形式已经得到了 WTO/TBT 委员会的认可。

7. 已批准的国际劳工安全公约

国际劳工公约属国际法范畴，虽不应包括在我国法律体系内，但是属于我国批准了的，在我国国内具有法律效力。

二、安全生产相关的法律法规

1.《中华人民共和国宪法》

《中华人民共和国宪法》是中华人民共和国的根本大法，规定拥有最高法律效力。中华人民共和国成立后，曾于1954年9月20日、1975年1月17日、1978年3月5日和1982年12月4日通过四部宪法，现行宪法为1982年宪法，并历经1988年、1993年、1999年、2004年、2018年五次修正，共四章143条。《中华人民共和国宪法》第四十二条规定，中华人民共和国公民有劳动的权利和义务。国家通过各种途径，创造劳动就业条件，加强劳动保护，改善劳动条件，并在发展生产的基础上，提高劳动报酬和福利待遇。第四十三条规定，中华人民共和国劳动者有休息的权利。国家发展劳动者休息和休养的设施，规定职工的工作时间和休假制度。

2.《中华人民共和国劳动法》

《中华人民共和国劳动法》于1994年7月5日第八届全国人民代表大会常务委员会第八次会议通过，根据2009年8月27日第十一届全国人民代表大会常务委员会第十次会议《关于修改部分法律的决定》第一次修正，根据2018年12月29日第十三届全国人民代表大会常务委员会第七次会议《关于修改〈中华人民共和国劳动法〉等七部法律的决定》第二次修正，共有十三章107条。其立法的目的是保护劳动者的合法权益，调整劳动关系，建立和维护适应社会主义市场经济的劳动制度，促进经济发展和社会进步。第四章对维护和实现劳动者的休息权利，合理地安排工作时间和休息时间作出了法律规定，第六章从六个方面规定了我国职业健康安全法规的基本要求，第七章对女职工和未成年工特殊职业健康安全要求作出了法律规定。

3.《中华人民共和国安全生产法》

《中华人民共和国安全生产法》于2002年6月29日第九届全国人民代表大会常务委员会第二十八次会议通过，根据2009年8月27日第十一届全国人民代表大会常务委员会第十次会议《关于修改部分法律的决定》第一次修正，根据2014年8月31日第十二届全国人民代表大会常务委员会第十次会议《关于修改〈中华人民共和国安全生产法〉的决定》第二次修正，根据2021年6月10日第十三届全国人民代表大会常务委员会第二十九次会议《关于修改〈中华人民共和国安全生产法〉的决定》第三次修正，共有七章119条，主要对生产经营单位的安全生产保障、从业人员的安全生产权利义务、安全生产监督管理、生产安全事故的应急救援与调查处理、法律责任等作出了基本的法律规定。

4.《中华人民共和国职业病防治法》

《中华人民共和国职业病防治法》于2001年10月27日第九届全国人民代表大会常务委员会第二十四次会议通过，根据2011年12月31日第十一届全国人民代表大会常务委员会第二十四次会议《关于修改〈中华人民共和国职业病防治法〉的决定》第一次修正，根据2016年7月2日第十二届全国人民代表大会常务委员会第二十一次会议《关于修改〈中华人民共和国节约能源法〉等六部法律的决定》第二次修正，根据2017年11月4日第十二届全国人民代表大会常务委员会第三十次会议《关于修改〈中华人民共和国会计法〉等十一部法律的决定》第三次修正，根据2018年12月29日第十三届全国人民代表大会常务委员会第七次会议《关于修改〈中华人民共和国劳动法〉等七部法律的决定》第四次修正，共有七章88条。其立法的目的是预防、控制和消除职业病危害，防治职业病，保护劳动者健康及其相关权益，促进经济发展。职业病防治工作的基本方针是“预防为主、防治结合”；管理的原则是实行“分类管理、综合治理”。职业病一旦发生，较难治愈，所以职业病防治工作的重点是抓致病源头，采取前期预防的措施。职业病防治管理需要政府监督管理部门、用人单位、劳动者和其他相关单位共同履行自己的法定义务，才能达到预防为主的效果。《中华人民共和国职业病防治法》中规定了劳动者职业卫生保护权利、用人单位的职业病防治职责以及职业病诊断和职业病病人待遇等。

5.《使用有毒物品作业场所劳动保护条例》

《使用有毒物品作业场所劳动保护条例》于2002年4月30日国务院第57次常务会议通过，并以国务院令第352号公布、施行。

本条例共有八章 71 条，条例制定的目的是保证作业场所安全使用有毒物品，预防、控制和消除职业中毒危害，保护劳动者的生命安全、身体健康及其相关权益。

6.《工伤保险条例》

《工伤保险条例》由国务院于 2003 年 4 月 27 日发布，自 2004 年 1 月 1 日起施行。在 2010 年 12 月 20 日进行修订，修订后的条例自 2011 年 1 月 1 日起施行。《工伤保险条例》共有八章 67 条，制定的目的是保障因工作遭受事故伤害或者患职业病的职工获得医疗救治和经济补偿，促进工伤预防和职业康复，分散用人单位的工伤风险。该条例对工伤和劳动能力鉴定、工伤待遇等作了规定。

7.《生产安全事故报告和调查处理条例》

《生产安全事故报告和调查处理条例》于 2007 年 3 月 28 日国务院第 172 次常务会议通过，2007 年 4 月 9 日中华人民共和国国务院令第 493 号公布，自 2007 年 6 月 1 日起施行。为了规范生产安全事故的报告和调查处理，落实生产安全事故责任追究制度，防止和减少生产安全事故，根据《中华人民共和国安全生产法》和有关法律，制定本条例。生产经营活动中发生的造成人身伤亡或者直接经济损失的生产安全事故的报告和调查处理，适用本条例；环境污染事故、核设施事故、国防科研生产事故的报告和调查处理不适用本条例。

8.《中华人民共和国特种设备安全法》

《中华人民共和国特种设备安全法》于 2013 年 6 月 29 日第十二届全国人民代表大会常务委员会第 3 次会议通过，2013 年 6 月 29 日中华人民共和国主席令第 4 号公布，自 2014 年 1 月 1 日起施行。《中华人民共和国特种设备安全法》分总则，生产、经营、使用，检验、检测，监督管理，事故应急救援与调查处理，法律责任，附则共七章 101 条。

9.《中华人民共和国消防法》

《中华人民共和国消防法》于 1998 年 4 月 29 日第九届全国人民代表大会常务委员会第二次会议通过，2008 年 10 月 28 日第十一届全国人民代表大会常务委员会第五次会议修订，根据 2019 年 4

月 23 日第十三届全国人民代表大会常务委员会第十次会议《关于修改〈中华人民共和国建筑法〉等八部法律的决定》第一次修正，根据 2021 年 4 月 29 日第十三届全国人民代表大会常务委员会第二十八次会议《关于修改〈中华人民共和国道路交通安全法〉等八部法律的决定》第二次修正。《中华人民共和国消防法》共七章 74 条，制定目的是预防火灾和减少火灾危害，加强应急救援工作，保护人身、财产安全，维护公共安全。

三、电力行业安全生产重要的法律法规

1.《电力安全生产监督管理办法》

《电力安全生产监督管理办法》经国家发展和改革委员会主任办公会审议通过，2015 年 2 月 17 日中华人民共和国国家发展和改革委员会令第 21 号公布，分总则、电力企业的安全生产责任、电力系统安全、电力安全生产的监督管理、罚则、附则共六章 38 条，自 2015 年 3 月 1 日起施行。原国家电力监管委员会《电力安全生产监管办法》同时废止。《电力安全生产监督管理办法》有效实施电力安全生产监督管理，预防和减少电力事故，保障电力系统安全稳定运行和电力可靠供应。

该办法对于电力系统安全有明确的规定，电力企业应当共同维护电力系统安全稳定运行。在电网互联、发电机组并网过程中应严格履行安全责任，并在双方的联（并）网调度协议中具体明确，不得擅自联（并）网和解网。各级电力调度机构是涉及电力系统安全的电力安全事故（事件）处置的指挥机构，发生电力安全事故（事件）或遇到有危及电力系统安全的情况时，电力调度机构有权采取必要的应急处置措施，相关电力企业应当严格执行调度指令。电力调度机构应当加强电力系统安全稳定运行管理，科学合理安排系统运行方式，开展电力系统安全分析评估，统筹协调电网安全和并网运行机组安全。电力企业应当加强发电设备设施和输变配电设备设施安全管理和技术管理，强化电力监控系统（或设备）专业管理，完善电力系统调频、调峰、调压、调相、事故备用等性能，满足电力系统安全稳定运行的需要。发电机组、风电场以及光伏电站

等并入电网运行，应当满足相关技术标准，符合电网运行的有关安全要求。电力企业应当根据国家有关规定和标准，制定、完善和落实预防电网大面积停电的安全技术措施、反事故措施和应急预案，建立完善与国家能源局及其派出机构、地方人民政府及电力用户等的应急协调联动机制。

2.《关于推进电力安全生产领域改革发展的实施意见》

2017 年 11 月，国家发改委、国家能源局发布了《关于推进电力安全生产领域改革发展的实施意见》（发改能源〔2017〕1986 号，以下简称《实施意见》）。《实施意见》全面落实党中央和国务院关于安全生产工作的一系列重大决策部署，全面总结近年来电力安全生产领域的经验与问题，全面完善电力安全生产体制机制和管理体系，全面提升电力安全生产应急和保障能力，对我国电力安全生产领域的改革发展具有重大意义。

针对电力体制改革和能源结构调整中不断出现的多形式、多业态的新兴市场，《实施意见》提出与改革协同发展的安全机制，以适应改革的需求；针对信息技术与大数据发展新趋势，《实施意见》提出建立电力安全生产科技支撑的新方向，实施“互联网 + 安全监管”战略，以及以安全生产信息大数据平台为核心的安全信息管理模式，建立电力安全信息共享平台，规范电力事故事件及相关信息的报送工作。在严肃电力安全生产事故查处方面，要求建立责任处理与职务晋升挂钩机制；在安全生产考核机制方面，研究试行企业领导班子年度及离任专项履职评价考核制度；在电力运行安全管理方面，着重强调加强电力二次系统安全管理；在电力应急管理方面，提出了以情景构建完善应急预案的新要求；在保障电力安全生产投入方面，要求制定落实电力安全生产费用提取标准，实行安全生产费用专款专用。同时，《实施意见》提出强化安全禁令清单，针对电力安全生产过程中存在的突出问题和薄弱环节，进一步规范电力安全生产监督管理；提出安全资信管理新措施，严格对承包商的管理；推进安全责任保险制度，促进企业提高安全生产管理水平；提出重大危险源源头管控措施。

第四节　电力从业人员安全生产的权利和义务

一、电力从业人员的安全生产基本权利

2021 年最新版《中华人民共和国安全生产法》规定了电力从业人员必须享有的、有关安全生产和人身安全的最重要、最基本的权利。这些基本安全生产权利可以概括为以下八项。

1. 建议权

即从业人员有对本单位的安全生产工作提出建议的权利。建议权保障从业人员作为安全生产的基本要素发挥积极的作用，做到安全生产，人人有责。《中华人民共和国安全生产法》第五十三条规定，生产经营单位的从业人员有权了解其作业场所和工作岗位存在的危险因素、防范措施及事故应急措施，有权对本单位的安全生产工作提出建议。

2. 获得各项安全生产保护条件和保护待遇的权利

即从业人员有获得安全生产卫生条件的权利，有获得符合国家标准或者行业标准劳动防护用品的权利，有获得定期健康检查的权利等。上述权利设置的目的是保障从业人员在劳动过程中的生命安全和健康，减少和防止职业危害发生。《中华人民共和国安全生产法》第六条规定，生产经营单位的从业人员有依法获得安全生产保障的权利。第四十五条规定，生产经营单位必须为从业人员提供符合国家标准或者行业标准的劳动防护用品。

3. 获得安全生产教育和培训的权利

即从业人员有获得本职工作所需的安全生产知识、安全生产教育和培训的权利。《中华人民共和国安全生产法》第五十八条规定，从业人员应当接受安全生产教育和培训，掌握本职工作所需的安全生产知识，提高安全生产技能，增强事故预防和应急处理能力。

4. 享受工伤保险和伤亡赔偿权

《中华人民共和国安全生产法》明确赋予了从业人员享有工伤保险和获得伤亡赔偿的权利，同时规定了生产经营单位的相关义

务。《中华人民共和国安全生产法》第五十一条规定，生产经营单位必须依法参加工伤保险，为从业人员缴纳保险费。第五十二条规定，生产经营单位与从业人员订立的劳动合同，应当载明有关保障从业人员劳动安全、防止职业危害的事项，以及依法为从业人员办理工伤保险的事项。生产经营单位不得以任何形式与从业人员订立协议，免除或者减轻其对从业人员因生产安全事故伤亡依法应承担的责任。第五十六条规定，因生产安全事故受到损害的从业人员，除依法享有工伤保险外，依照有关民事法律尚有获得赔偿的权利的，有权提出赔偿要求。此外，法律还针对生产经营单位与从业人员订立协议，免除或者减轻其对从业人员因生产安全事故伤亡依法应承担的责任的行为，规定此类协议无效。

5. 危险因素和应急措施的知情权

《中华人民共和国安全生产法》第四十四条规定，生产经营单位应当教育和督促从业人员严格执行本单位的安全生产规章制度和安全操作规程；并向从业人员如实告知作业场所和工作岗位存在的危险因素、防范措施以及事故应急措施。否则，生产经营单位就侵犯了从业人员的权利，并应对由此产生的后果承担相应的法律责任。

6. 安全管理的批评检控权

从业人员是生产经营活动的直接承担者，也是生产经营活动中各种危险的直接面对者，它们对安全生产情况和安全管理中的问题最了解、最熟悉，具有他人不能替代的作用。只有依靠他们并且赋予其必要的安全监督权和自我保护权，才能做到预防为主，防患于未然，保证企业安全生产。《中华人民共和国安全生产法》第五十四条规定，从业人员有权对本单位安全生产工作中存在的问题提出批评、检举、控告。

7. 拒绝违章指挥和强令冒险作业权

在生产经营活动中，经常出现企业负责人或者管理人员违章指挥和强令从业人员冒险作业的现象，并由此导致事故，造成大量人员伤亡。《中华人民共和国安全生产法》第五十四条规定，生产经营单位不得因从业人员对本单位安全生产工作提出批评、检举、控告或者拒绝违章指挥、强令冒险作业而降低其工资、福利等待遇或者解除与其订立的劳动合同。

8. 紧急情况下的停止作业和紧急撤离权

由于生产经营场所自然和人为危险因素的存在，经常会在生产经营作业过程中发生一些意外的或者人为的直接危及从业人员人身安全的危险情况，将会或者可能会对从业人员造成人身伤害。如从事危险物品生产作业的从业人员，一旦发现将要发生危险物品泄漏、燃烧、爆炸等紧急情况并且无法避免时，应最大限度地保护现场作业人员的生命安全，为此，法律赋予他们享有停止作业和紧急撤离的权利。《中华人民共和国安全生产法》第五十五条规定，从业人员发现直接危及人身安全的紧急情况时，有权停止作业或者在采取可能的应急措施后撤离作业场所。生产经营单位不得因从业人员在前款紧急情况下停止作业或者采取紧急撤离措施而降低其工资、福利等待遇或者解除与其订立的劳动合同。

二、从业人员的安全生产基本义务

1. 遵章守规，服从管理的义务

《中华人民共和国安全生产法》第五十七条规定，从业人员在作业过程中，应当严格落实岗位安全责任，遵守本单位的安全生产规章制度和操作规程，服从管理，正确佩戴和使用劳动防护用品。根据《中华人民共和国安全生产法》和其他有关法律、法规和规章的规定，生产经营单位必须制定本单位安全生产的规章制度和操作规程。从业人员必须严格依照这些规章制度和操作规程进行生产经营作业。生产经营单位的从业人员不服从管理，违反安全生产规章制度和操作规程的，由生产经营单位给予批评教育，依照有关规章制度给予处分；造成重大事故，构成犯罪的，依照刑法有关规定追究其刑事责任。

2. 佩戴和使用劳动防护用品的义务

按照法律、法规的规定，为保障人身安全，生产经营单位必须为从业人员提供必要的、安全的劳动防护用品，以避免或者减轻作业和事故中的人身伤害。但实践中由于一些从业人员缺乏安全知识，认为没有必要佩戴和使用劳动防护用品，往往不按规定佩戴或者不能正确佩戴和使用劳动防护用品，由此引发的人身伤害事故时有发生，造成了不必要的伤亡。因此，正确佩戴和使用劳动防护用品是从业人员必须履行的法定义务，是保障从业人员人身安全和生产经营单位安全生产的需要。从业人员不履行该项义务而造成人身伤害的，生产经营单位不承担法律责任。

3. 接受培训，提高安全生产素质的义务

从业人员的安全生产意识和安全技能的高低直接关系到生产经营活动的安全可靠性。特别是从事危险物品生产作业的从业人员，更需要具有系统的安全生产知识，熟练的安全生产技能，以及对不安全因素和事故隐患、突发事故的预防、处理能力和经验。许多国有和大型企业一般比较重视安全生产培训工作，从业人员的安全生产素质比较高。但是一些非国有和中小企业不重视或者不进行安全生产培训，有的没有经过专门的安全生产培训，或者简单应付了事，其中部分从业人员不具备应有的安全生产素质，因此违章违规操作，酿成事故。为了明确从业人员接受培训、提高安全生产素质的法定义务，《中华人民共和国安全生产法》第五十八条规定，从业人员应当接受安全生产教育和培训，掌握本职工作所需的安全生产知识，提高安全生产技能，增强事故预防和应急处理能力。

4. 发现事故隐患及时报告的义务

从业人员直接进行生产经营作业，是事故隐患和不安全因素的第一当事人。许多生产安全事故是由于从业人员在作业现场发现事故隐患和不安全因素后没有及时报告，以致延误了采取措施进行紧急处理的时机，并由此引发重、特大事故。如果从业人员尽职尽责，及时发现并报告事故隐患和不安全因素，许多事故就能够得到及时、有效的处理，从而避免事故发生和降低事故损失。为此，《中华人民共和国安全生产法》第五十九条规定，从业人员发现事故隐患或者其他不安全因素，应当立即向现场安全生产管理人员或者本单位负责人报告；接到报告的人员应当及时予以处理。

5. 安全事故隐患及时处理的义务

《中华人民共和国安全生产法》第四十一条规定，生产经营单位应当建立健全并落实生产安全事故隐患排查治理制度，采取技术、管理措施，及时发现并消除事故隐患。第二十一条规定，生产经营单位的主要负责人组织建立并落实安全风险分级管控和隐患排查治理双重预防工作机制，督促、检查本单位的安全生产工作，及时消除生产安全事故隐患。第四十六条规定，生产经营单位的安全生产管理人员应当根据本单位的生产经营特点，对安全生产状况进行经常性检查；对检查中发现的安全问题，应当立即处理；不能处理的，应当及时报告本单位有关负责人，有关负责人应当及时处理。检查及处理情况应当如实记录在案。

第五节 新型电力系统安全生产的特征与挑战

一、新型电力系统的主要特征

1. 新型电力系统概念

关于新型电力系统，目前国内并没有一个明确的标准定义，但是与传统电力系统相比，新型电力系统的“新”主要表现为以下几个方面。

第一，电源结构由可控连续出力的煤电装机占主导，向强不确定性、弱可控性出力的新能源发电装机占主导转变。第二，负荷特性由传统的刚性、纯消费性向柔性、生产与消费兼具性改变。第三，电网形态方面，传统电力系统是单向逐级输电为主，新型电力系统包括交直流混联大电网、微电网、局部直流电网和可调节负荷的能源互联网。第四，运行特性的转变，传统电力系统是由“源随荷动”的实时平衡模式，大电网一体化控制模式。新型电力系统是向“源网荷储”协同互动的非完全实时平衡模式，大电网与微电网协同控制模式转变。

2021 年 3 月 15 日，习近平总书记主持召开中央财经委员会第九次会议，提出深化电力体制改革，构建以新能源为主体的新型电力系统。2023 年 6 月 2 日，国家能源局分布的《新型电力系统发展蓝皮书》指出，新型电力系统是以确保能源电力安全为基本前提，以满足经济社会高质量发展的电力需求为首要目标，以高比例新能源供给消纳体系建设为主线任务，以源网荷储多向协同、灵活互动为坚强支撑，以坚强、智能、柔性电网为枢纽平台，以技术创新和体制机制创新为基础保障的新时代电力系统，是新型能源体系的重要组成和实现“双碳”目标的关键载体。新型电力系统具备安全高效、清洁低碳、柔性灵活、智慧融合四大重要特征，其中安全高效是基本前提，清洁低碳是核心目标，柔性灵活是重要支撑，智慧融合是基础保障，共同构建了新型电力系统的“四位一体”框架体系。

2. 发展新型电力系统的必要性

因为传统电力行业主要是以火电为主，当前阶段，电力行业 CO_2 的排放量占据我国 CO_2 总排放量的四成左右，其次排放 CO_2 较多的是工业、建筑和交运，电力行业占比是最高的；所以要实现“3060”的双碳目标，电力行业自然要转型。

新型电力系统更着重强调的是以“新能源”为主体，要大幅提升光伏、风电等新能源发电的比例，核心是高比例可再生能源叠加高比例电力电子设备。

从各类电源新增装机容量看，风电和太阳能发电占比逐年提升，尤其2020年增长迅速。截至2020年底，火电在我国总电力装机中占比高达57%，预计从“十四五”开始，新能源装机占比将持续上移。2020年我国太阳能装机占比11%，风电装机占比13%，水电装机占比17%，核电装机占比2%。

建设新型电力系统最终是为了实现电力系统脱碳，以实现在2035年前后新能源在总装机中占比超50%，2045年新能源发电在总发电量中占比超过50%的目标。新型电力系统运作的一切模式，本质都是为了更好地适应高比例可再生能源的发展趋势，进而提升终端电气化率，更好支持温室气体减排。

3. 新型电力系统运转方式

新型电力系统的运转主要围绕以下四个方面：一是新能源逐步是装机的主体，二是终端能源消费高度电气化，三是实现新能源高效开发利用和各类负荷友好接入，四是电力系统运行机理的变革。

电力系统整体可以分为发电、输电、变电、配电、售电、调度六大环节。以前电力系统运转模式主要是火电、水电、核电等大电源通过升压接入大电网，然后通过高压、特高压等输电方式完成电力输送过程，最后通过降压将电能输送到负荷端，也就是“源随荷动”的传统运作模式。

但是新型电力系统发电侧重主体发生了变化，以光伏和风电等新能源发电为主，这样就会从原来集中式电源模式变成“集中和分布式”共同发展的模式。由于光伏和风电具有波动性、间歇性和随机性的特点，所以储能在新型电力系统的运作中就变得尤为重要。新型电力系统就是要建立“源网荷储”的运作模式，也就是电源、电网、负荷、储能各环节协调互动，实现安全稳定的运行。

二、新型电力系统产生的时代影响和严峻挑战

1. 新型电力系统产生的时代影响

构建以新能源为主体的新型电力系统，是在立足新发展阶段、贯彻新发展理念、构建新发展格局，加快推进生态文明建设和人类命运共同体建设，深入贯彻落实国家能源安全新战略的背景下，提出的新思想、新论断。

构建新型电力系统进一步丰富了国家能源安全新战略的内涵。2014 年 6 月 13 日，习近平总书记提出了“四个革命、一个合作”国家能源安全新战略。经过近年来的发展，我国能源短缺问题基本解决，能源技术取得巨大进步，能源供给侧改革实现较大发展，能源电力生产和消费对生态环境的损害得到有效控制但没有根本解决。为实现碳达峰、碳中和目标，2021 年 3 月 15 日，习近平总书记再次对能源电力发展作出重要部署，强调要构建以新能源为主体的新型电力系统。

与“四个革命、一个合作”国家能源安全新战略着重从能源生产、消费等重要环节进行论述不同，新型电力系统则是从能源品种、结构优化调整，进而推动能源低碳绿色发展的角度展开。可以说，构建新型电力系统是在新发展阶段深化能源革命和推进生态文明建设的新理论，是对国家能源安全新战略重要论述的深化、丰富

和发展。

构建新型电力系统是能源绿色低碳发展这一实现“双碳”目标关键的核心。习近平总书记强调，必须坚定不移贯彻新发展理念，坚持系统观念，处理好发展与减排、整体与局部、短期与中长期的关系，以经济社会发展全面绿色转型为引领，以能源绿色低碳发展为关键，加快形成节约资源和保护环境的产业结构、生产方式、生活方式、空间格局，坚定不移走生态优先、绿色低碳的高质量发展道路。能源绿色低碳发展是实现“双碳”目标的关键。推动能源绿色低碳发展的核心，就是加快构建以新能源为主体的新型电力系统。

构建新型电力系统是构建清洁低碳安全高效的能源体系的中心。习近平总书记强调，要构建清洁低碳、安全高效的能源体系，控制化石能源总量，着力提高利用效能，实施可再生能源替代行动，深化电力体制改革，构建以新能源为主体的新型电力系统。我国能源电力发展已经进入以电力为中心的发展新阶段，呈现出能源电力化、电力能源化、电力综合化的显著特征。新型能源尤其是绿色低碳新能源的开发利用，绝大多数都是通过转化为电力来实现的。“以电代煤”“以电代油”“以电代气”等工作不断推进，电能在终端能源消费中的比重加快提升，“多联供”、电动汽车和分布式能源系统发展，电力在某种程度上已经具备了全能型能源的属性，实现了能源价值增值。智能电网、能源互联网的快速发展，电力数据等要素广泛成为研判经济社会运行、服务政府管理与决策、助力企业发展、帮助用户科学用能等的关键要素，使得电力在社会经济领域实现更加重要而广泛的价值增值。很明显，构建以新能源为主体的新型电力系统在清洁低碳安全高效的能源体系中必然处于中心位置。

2. 新型电力系统产生的严峻挑战

构建新型电力系统，消纳作为主体的新能源发电，当前面临四个方面的重大挑战，需要在法治轨道上加快创新和深化改革。

第一，储能灵活能力的挑战。与欧美国家相比，我国电力系统特别是电源侧的灵活调节能力严重偏低，难以支撑以新能源为主体的新型电力系统发展。基于国内资源禀赋，除现阶段要加快建设布局抽水蓄能电站外，必须加快非抽蓄储能技术创新突破，尽快实现储能设施商业化，提升市场竞争力。储能设施应实行大中小相结合、发电侧电网侧用电侧布局相结合、集中与分散建设相结合、多品种多业态并存。国家需要尽快出台相关价格政策和扶持机制，有序推进储能技术创新和产业链、价值链共建共享。

第二，系统安全能力的挑战。新型电力系统具有“三高双峰”（高比例新能源、高比例电力电子装备、发电和用能高自由度，夏季用电高峰、冬季用电高峰）的运行特征，对安全可控带来前所未有的挑战。这些挑战既有技术层面的，又有安全理念、认知理论层面的。

第三，电价政策能力的挑战。电价政策是新型电力系统中市场配置资源的基础，电价机制是竞争性电力市场的基础。如何改革完善现有电价机制和经济政策，促进实现以新能源为主体、“源网荷储”一体协同发展，是构建新型电力系统的核心和关键点。比如，继续沿用现有抽水蓄能的电价机制和盈利模式，储能技术创新、产业发展难以为继，储能灵活能力难以得到加快提升。

第四，电力治理能力的挑战。构建以新能源为主体的新型电力系统，需要强有力的电力治理能力，即在法治轨道上全面推进统筹规划、统筹平衡、统筹协调和安全监管，建立科学合理的电价机制和经济政策，加快提升法治化市场监管能力。例如，要有效消纳新能源发电，在统筹规划方面就亟须将电力规划重心从电源、新能源、核电、电网专项规划转移到电力系统整体规划上来，真正把电力系统整体规划放在电力规划的重心位置、放在能源综合规划的中心位置。

本章小结

1. 三级安全教育通常是指厂级安全教育、车间级安全教育、班组级安全教育。电力企业的三级安全教育授课时间累计不能少于

24学时（45～50分钟为1学时），在我国电力企业主要包括发电企业、电网企业、电力基础设施建设企业。

2. 我国的安全生产方针是“安全第一、预防为主、综合治理”。安全生产遵循八项原则：安全生产基本原则、“三个必须”原则、全员安全生产教育培训的原则、“三同时”原则、“三同步”原则、“四不伤害”原则、“四不放过”原则、“五同时”原则。

3. 电力企业是电力安全生产的责任主体，法定代表人和实际控制人同为安全生产第一责任人，应当按照国家有关安全生产的法律法规、制度和标准，建立健全电力安全生产责任制，加强电力安全责任制，加强电力安全生产管理，完善电力安全生产条件，确保电力安全生产。

4. 我国安全生产法律体系是包含多种法律形式和法律层次的综合性系统，主要有以安全生产法律法规为基础的宪法规范、行政法律规范、技术性法律规范、程序性法律规范。

5.《中华人民共和国安全生产法》规定了电力从业人员必须享有的、有关安全生产和人身安全的最重要、最基本的权利，包括建议权、获得各项安全生产保护条件和保护待遇的权利、获得安全生产教育和培训的权利、享受工伤保险和伤亡赔偿权、危险因素和应急措施的知情权、安全管理的批评检控权、拒绝违章指挥和强令冒险作业权、紧急情况下的停止作业和紧急撤离权。同时明确了五项基本义务，包括遵章守规，服从管理的义务；佩戴和使用劳动防护用品的义务；接受培训，提高安全生产素质的义务；发现事故隐患及时报告的义务；安全事故隐患及时处理的义务。

6. 新型电力系统四大重要特征是安全高效清洁低碳、柔性灵活、智慧融合，新型电力系统就是要建立“源网荷储”的运作模式。

构建以新能源为主体的新型电力系统，是在立足新发展阶段、贯彻新发展理念、构建新发展格局，加快推进生态文明建设和人类命运共同体建设，深入贯彻落实国家能源安全新战略的背景下，提出的新思想、新论断。

构建新型电力系统，消纳作为主体的新能源发电，当前面临储能灵活能力、系统安全能力、电价政策能力、电力治理能力等四个方面的重大挑战。

第一章复习思考题

一、填空题

1. 班组级安全教育由________会同安全员、带班师傅组织实施。

2. 三级安全教育的对象是新进厂的人员，包括新进入的员工、临时工、季节工、代培人员和________。

3. 管行业必须管安全、________必须管安全、管生产经营必须管安全。

4. 生产经营单位新建、改建、扩建工程项目的安全设施，必须与主体工程同时________、同时施工、同时投入生产和使用。

5. 企业生产组织及领导者在计划、布置、检查、总结、评比经营工作的时候，要同时计划、布置、________、总结、评比安全工作。

6. 法定代表人和实际控制人同为安全生产________责任人。

7. 《电力安全生产监督管理办法》规定，电力企业应当共同维护________安全稳定运行。

8. 生产经营单位的从业人员有权了解其作业场所和工作岗位存在的危险因素、防范措施及事故应急措施，有权对本单位的安全生产工作提出________。

9. 从业人员在作业过程中，应当严格落实岗位安全责任，遵守本单位的安全生产规章制度和操作规程，________，正确佩戴和使用劳动防护用品。

10. 2021 年 3 月 15 日，习近平总书记主持召开中央财经委员会第九次会议，提出深化电力体制改革，构建以________为主体的新型电力系统。

11. 新型电力系统五大基本特征是________、安全可控、灵活高效、智能友好、开放互动。

二、选择题

1. 下列属于班组级安全教育内容的是(　　)。

A. 介绍本车间的生产特点、性质

B. 介绍车间安全生产和文明生产制度

C. 介绍本企业的安全生产情况

D. 介绍本班组的生产概况、特点、范围、作业环境、设备状况、消防设施等

2. 当前，我国的安全生产方针是(　　)。

A. 安全第一、预防为主、综合治理

B. 预防为主、安全第一、综合治理

C. 安全生产、人人有责

D. 人人学安全、层层保安全

3. 我国宪法规定的安全生产基本原则(　　)。

A. 安全第一、预防为主、综合治理

B. 加强劳动保护，改善劳动条件

C. “三个必须”原则

D. 全员安全生产教育培训的原则

4. “四不放过”原则指的是(　　)。

A. 发生安全事故后原因分析不清不放过，事故责任者和群众没有受到教育不放过，没有防范措施不放过，有关领导和责任者没有追究责任不放过

B. 不伤害自己、不伤害他人、不被他人伤害、保护他人不被伤害

C. 管行业必须管安全、管业务必须管安全、管生产经营必须管安全

D. 企业在考虑自身的经济发展，进行机构改革，进行技术改造时，安全生产方面要相应地与之同步规划、同步组织实施、同步运作投产

5. (　　)属于国际劳工安全公约。

A.《宪法》

B.《安全生产法》

C.《职业病防治法》

D. 1976 年（国际劳工标准）三方协商公约

三、问答题

1. 电力从业人员在安全生产方面享有哪八项基本权利和哪五项基本义务?

2. 新型电力系统主要特征体现在哪四个方面?

第二章　电力安全生产基本知识

本章学习目标

（1）了解作业现场的基本知识。

（2）了解高处作业的安全知识。

（3）理解倒闸操作的安全知识。

（4）理解操作票和工作票的安全知识。

（5）掌握安全工作的组织措施和技术措施。

（6）掌握安全工作的一般措施。

（7）掌握班组检查和安全例会的知识。

第一节　作业现场的基本知识

一、作业现场与作业人员的基本条件

1. 作业现场的基本条件

电力安全生产明确要求“预防为主”，实际上是要求作业现场在具备基本的条件后方可允许职工作业。作业现场的基本条件包括以下几个：

（1）作业现场的生产条件和安全设施等应符合有关标准、规范的要求，工作人员的劳动防护用品应合格、齐备。

（2）经常有人工作的场所及施工车辆上宜配备急救箱，存放急救用品，并应指定专人经常检查、补充或更换。

（3）现场使用的安全工器具应合格并符合有关要求。

（4）各类作业人员应被告知其作业现场和工作岗位存在的危险因素、防范措施及事故紧急处理措施。

2. 作业人员的基本条件

任何行业的从业人员必须达到基本条件，电力行业的从业人员

也是如此。根据电力行业的特点和电力安全生产的实际情况，电力行业作业人员的基本条件包括以下几个方面：

（1）经医师鉴定，无妨碍工作的病症（体格检查至少每两年进行一次）。

（2）具备必要的电气知识和业务技能，达到符合工作场所的要求，且按工作性质，熟悉《电力安全工作规程》的相关部分，并经考试合格。

（3）具备必要的安全生产知识，学会紧急救护法，特别要学会触电急救。

（4）特种作业人员必须按照国家有关规定，经专门的安全作业培训并取得特种作业操作资格证书。

（5）应每年对作业人员进行安全工作规程考试。因故间断电气工作连续三个月以上者，应重新学习安全工作规程，并经考试合格后方能恢复工作。

（6）新参加电气工作的人员、实习人员和临时参加劳动的人员（如管理人员、临时工等），应经过安全知识教育后，方可进入现场参加指定的工作，并且不得单独工作。

（7）外单位或外来人员承担或参与企业电气工作的工作人员应熟悉安全工作规程，并经考试合格后方可参加工作。工作前，设备运行管理单位应告知现场电气设备接线情况、危险点和安全注意事项。

二、现场电气设备的分类

电气设备的分类方法有多种，生产人员只有了解电气设备的相关分类情况，才能按照安全生产的要求进行安全工作。从电力生产情况、电压等级、运行状态等因素出发，电气设备有以下三种分类方法。

1. 按电力生产情况分类

（1）一次设备

直接生产、输送、分配和使用电能的设备，特点是高电压、大电流，主要包括以下设备。

1）生产和转换电能的设备：发电机、变压器、电动机。

2）接通和断开电路的开关设备：断路器、负荷开关、隔离开关、接触器、熔断器、磁力启动器。

3）保护电器：电抗器、电容器、避雷器。

4）载流导体：软、硬导线，电力电缆。

5）测量互感器：电流互感器、电压互感器。

6）接地装置。

（2）二次设备

对一次设备和系统的运行状况进行测量、控制、保护和监察的设备，特点是低电压、小电流，主要包括以下设备。

1）测量表计：电压表、电流表、功率表、电能表。

2）继电保护和自动装置：继电器、自动装置。

3）操作电器：操作把手、按钮。

4）直流电源设备：蓄电池组、硅整流装置。

5）其他如控制回路、信号回路等。

2. 按电压等级分类

（1）高压电气设备：对地电压在 1 000 伏及以上。

（2）低压电气设备：对地电压在 1 000 伏以下。

3. 按运行状态分类

电气设备按运行状态可分为四种状态，即运行状态、热备用状态、冷备用状态和检修状态，每个运行状态具体规定如下。

（1）运行状态

运行状态即电气设备的开关、闸刀处于合闸位置，其动力、保护和控制电源均送上。

（2）热备用状态

热备用状态即电气设备的开关处于分闸位置，闸刀处于合闸位置，其动力、保护和控制电源均送上。

（3）冷备用状态

冷备用状态即电气设备的开关、闸刀处于分闸位置，其动力、保护和控制电源均断开。

（4）检修状态

检修状态即电气设备的开关、闸刀处于分闸位置，其动力、保护和控制电源均断开，并设置有完善的安全措施。

第二节 高处作业

一、高处作业的定义、级别及标记

1. 高处作业的定义

国家标准《高处作业分级》（GB/T 3608—2008）规定，在坠落高度基准面 2 米以上（含 2 米）有可能坠落的高处进行的作业，都称为高处作业。其含义有两个：一是相对概念，可能坠落的底面高度大于或等于 2 米，也就是说不论在单层、多层或高层建筑物作业，即使是在平地，只要作业处的侧面有可能导致人员坠落的坑、井、洞或空间，其高度达到 2 米及其以上，就属于高处作业；二是高低差距标准定为 2 米，因为一般情况下，当人在 2 米以上的高度坠落时，就很可能会造成重伤、残废甚至死亡。因此，对高处作业的安全技术措施在工程开工以前就须特别注意以下事项：

（1）技术措施及所需料具要完整地列入施工计划。

（2）进行技术教育和现场技术交底。

（3）所有安全标志、工具和设备等在施工前逐一检查。

（4）做好对高处作业人员的培训考核等。

2. 高处作业的级别

高处作业的级别可分为四级，即高处作业在 2 ~ 5 米时，为一级高处作业；5 ~ 15 米时，为二级高处作业；15 ~ 30 米时，为三级高处作业；大于 30 米时，为特级高处作业。高处作业又分为一般高处作业和特殊高处作业。其中特殊高处作业又分为以下八类：

（1）在阵风的风力六级（风速 10.8 米每秒）以上的情况下进行的高处作业，称为强风高处作业。

（2）在高温或低温环境下进行的高处作业，称为异温高处作业。

（3）降雪时进行的高处作业，称为雪天高处作业。

（4）降雨时进行的高处作业，称为雨天高处作业。

（5）室外完全采用人工照明时进行的高处作业，称为夜间高处作业。

（6）在接近或接触带电体条件下进行的高处作业，称为带电高处作业。

（7）在无立足点或无牢靠立足点的条件下进行的高处作业，称为悬空作业。

（8）对突然发生的各种灾害事故进行抢救的高处作业，称为抢救高处作业。

一般高处作业是指除特殊高处作业以外的高处作业。

3. 高处作业的标记

高处作业的分级以级别、类别和种类作标记，写明级别和种类；特殊高处作业作标记时，写明级别和类别，种类可省略不写。例如，一级，强风高处作业；二级，异温高处作业；三级，一般高处作业。

二、高处作业的安全防护技术措施、注意事项及安全规定

1. 高处作业安全防护技术措施

（1）凡是进行高处作业施工的，应使用脚手架、平台、梯子、防护围栏、挡脚板、安全带和安全网等。作业前应认真检查所用的安全设施是否牢固、可靠。

（2）凡从事高处作业人员应接受高处作业安全知识教育；特殊高处作业人员应持证上岗，上岗前应依据有关规定进行专门的安全技术交底。采用新工艺、新技术、新材料和新设备的，应按规定对作业人员进行相关安全技术教育。

（3）施工单位应为作业人员提供合格的安全帽、安全带等必备的个人安全防护用具，作业人员应按规定正确佩戴和使用。

（4）施工单位应按类别，有针对性地将各类安全警示标志悬挂于施工现场各相应部位，夜间应设红灯示警。

（5）高处作业所用的工具、材料严禁投掷，上下立体交叉作业

确有需要时，中间须设隔离设施。

（6）高处作业应设置可靠扶梯，作业人员应沿着扶梯上下，不得沿着立杆与栏杆攀登。

（7）在风雪天应采取防滑措施，在风速超过10.8米每秒和雷电、暴雨、大雾等气候条件下，不得进行露天高处作业。

（8）应设置联系信号和通信装置，并指定专人负责。

（9）高处作业时，工程项目部应组织有关部门对安全防护设施进行验收，经验收合格签字后方可作业。需要临时拆除或变动安全设施的，应经项目技术负责人审批签字，并组织有关部门审核批准后方可进行。

2. 高处作业注意事项

（1）发现安全措施有隐患时，立即采取措施，消除隐患，必要时停止作业。

（2）遇到各种恶劣天气时，必须对各类安全设施进行检查、校正、修理，使之完善。

（3）现场的冰、霜、水、雪等均须清除。

（4）搭拆防护棚和安全设施需设警戒区，有专人防护。

3. 高处作业安全规定

（1）进入现场，必须戴好安全帽，扣好帽带，并正确使用个人劳动防护用具。

（2）悬空作业处应有牢靠的立足处，并必须视具体情况配置防护网、栏杆或其他安全设施。

（3）悬空作业所用的索具、脚手板、吊篮、吊笼、平台等设备，均须经过技术鉴定或检证方可使用。

（4）建筑施工进行高处作业之前，应进行安全防护设施的逐项检查和验收。验收合格后方可进行高处作业。验收也可分层进行，或分阶段进行。

（5）安全防护设施应由单位工程负责人验收，并组织有关人员参加。

（6）安全防护设施的验收应具备下列资料：

1）施工组织设计及有关验算数据。

2）安全防护设施验收记录。

3）安全防护设施变更记录及签证。

（7）安全防护设施的验收，主要包括以下内容：

1）所有临边、洞口等各类技术措施的设置状况。

2）技术措施所用的配件、材料和工具的规格和材质。

3）技术措施的节点构造及其与建筑物的固定情况。

4）扣件和连接件的紧固程序。

5）安全防护设施的用品及设备的性能与质量是否合格的验证。

（8）安全防护设施的验收应按类别逐项查验，并进行验收记录。凡不符合规定者，必须修整合格后再行查验。施工工期内还应定期进行抽查。

第三节　倒闸操作

一、倒闸操作主要内容

将电气设备由一种状态转变为另一种状态的过程叫倒闸，此过程中所有进行的操作叫倒闸操作。倒闸操作可以通过就地操作、遥控操作、程序操作完成。倒闸操作可分为监护操作、单人操作、检修人员操作。

倒闸操作的主要内容包括拉开或合上某些断路器或隔离开关，拉开或合上接地隔离开关（拆开或挂上接地线），取下或装上某些控制、合闸及电压互感器的熔断器，停用或加用某些继电保护和自动装置及改变定值，改变变压器、消弧线圈组分接头及检查设备绝缘等。

倒闸操作必须执行操作票制和工作监护制。其操作目的是设备检修、事故和异常（缺陷）处理、系统方式调整。

倒闸操作是一项复杂而重要的工作，操作正确与否直接关系到操作人员的安全和设备的正常运行。若发生误操作事故，其后果是极其严重的。因此，电气运行人员一定要树立“精心操作，安全第一”的思想，严肃认真地对待每次操作。

二、倒闸操作一般原则及注意事项

1. 倒闸操作一般原则

（1）电气设备投入运行之前，应先将继电保护装置投入运行。无继电保护装置的设备不允许投入运行。

（2）拉、合隔离开关及合小车断路器之前，必须检查确认相应断路器在断开位置（倒母线除外）。因隔离开关没有灭弧装置，当拉、合隔离开关时，若断路器在合闸位置，将会造成带负荷拉、合隔离开关，从而引起短路事故。而倒母线时，母线断路器必须在合闸位置，其操作、动力熔断器应取下，以防止在切换过程中因母联断路器跳闸引起母线隔离开关带负荷拉、合闸。

（3）停电拉闸操作必须严格按照断路器、负荷侧隔离开关、母线侧隔离开关的顺序依次操作，送电合闸操作应按上述相反的顺序进行，严防带负荷拉、合隔离开关。

（4）拉、合隔离开关后，必须就地检查刀口的开度及接触情况，检查隔离开关位置指示器及重动继电器的转换情况。

（5）在倒闸操作过程中，若发现带负荷误拉、误合隔离开关，则误拉的隔离开关不得再合上，误合的隔离开关不得再拉开。

（6）油断路器不允许带工作电压手动分、合闸（对于弹簧机构断路器，当弹簧储能已储备好时，可带工作电压手动合闸）。带工作电压用机械手动分、合油断路器时，因手力不足，会形成断路器慢分、慢合，容易引起断路器爆炸事故。

（7）操作中产生疑问时应立即停止操作，并将疑问汇报给发令人或值班负责人，待情况弄清楚后再继续操作。

2. 倒闸操作注意事项

（1）倒闸操作时，不允许将设备的电气和机械防误操作闭锁装置解除，特殊情况下如需解除必须经值班长（或值班负责人）同意。

（2）操作时应戴绝缘手套和穿绝缘靴。

（3）雷电天气禁止倒闸操作。雨天操作室外高压设备时，绝缘棒应有防雨罩。

（4）装、卸高压熔断器时应戴防护目镜和绝缘手套，必要时使用绝缘夹钳，并站在绝缘垫或绝缘台上。

（5）装设接地线（或合接地开关）前应先验电，后装设接地线（或合接地开关）。

（6）电气设备停电后，即使是事故停电，在未拉开有关隔离开关和做好安全措施前，不得触及设备或进入遮栏，以防突然来电。

第四节　操作票

操作票是操作人员进行操作而使用的程序执行票。操作票又称倒闸操作票，是将电气设备从一种状态转到另一种状态的过程顺序写成操作票，操作设备时要严格按照操作票的顺序进行。

一、变电站倒闸操作票的填写

1. 操作任务的填写要求

（1）操作票中对操作任务的要求

操作任务应根据调度指令的内容和专用术语进行填写，操作任务要填写被操作电气设备变电站名称，变电站名称要写全称。操作任务应填写设备双重名称。每张操作票只能填写一个操作任务。一项连续操作任务不得拆分成若干单项任务而进行单项操作。

（2）操作任务的填写类别

包括线路、断路器、变压器、母线、电压互感器（TV）、电容器、继电保护及自动装置、接地线、接地开关等操作任务的填写。

2. 操作项目的填写要求

（1）应填入操作票操作项目栏中的项目按标准及相应的要求填写。

（2）下列情况时，可以不填写操作票进行倒闸操作，但必须记录在操作记录簿内，由值班负责人明确指定监护人、操作人，按照操作记录簿记录的内容进行操作。

1）事故处理中遇到的操作，通常有试运、强送、限电、拉闸限电和开放负荷等。

2）拉开（合上）断路器、二次低压断路器、二次回路开关的单一操作，包括根据调度命令进行的限电和限电后的送电以及寻找线路接地故障的操作。

3）拆除全站仅装有的一组使用的接地线。

4）拉开全站仅有的一组已合上的接地开关。

5）投入或停用一套保护或自动装置的一块连接片。

（3）操作项目的填写类别

包括断路器、隔离开关、变压器、电压互感器、母线、电容器、继电保护及自动装置、接地线（接地开关）等。

3. 备注栏的填写要求

下列项目应填入操作票备注栏中。

（1）断路器的操作

1）无防止误拉、误合断路器的措施。

2）防止双电源线路误并列、误解列的提示等。

（2）隔离开关的操作

1）隔离开关闭锁装置达不到防误闭锁功能的。

2）电动隔离开关的操作。电动隔离开关操作前，先合上电动操作电源刀开关，电动隔离开关操作完毕后应立即拉开电动操作电源刀开关。

（3）验电及装设接地线

1）室外电气设备装设接地线时要注意防止接地线误碰带电设备。

2）断路器柜内装设接地线时要注意防止接地线误碰带电设备。

3）防止误入带电间隔。

（4）继电保护、自动装置及二次部分操作

1）微机保护及微机自动装置。带微机保护的一次设备停电时，拉开一次设备的控制电源开关前，应先将微机保护或微机自动装置的电源开关断开；一次设备送电时操作程序相反。

2）测量断路器跳闸连接片电压。一次电气设备在运行中，保护发生异常停电及检修后，重新投入跳闸连接片前要用高内阻电压表测量连接片输入端对地有无电压。

3）凡在操作中有可能导致继电保护、自动装置误动作的行为都应在备注栏中注明。

4. 变电站倒闸操作票其他栏目的填写要求

（1）操作票的编写

由电力企业统一编号，使用单位应按编号顺序依次使用，对于变电站倒闸操作票的编号不能随意改动。

（2）发令与受令

1）调度值班员向运行值班负责人发布正式的操作指令后，由运行值班负责人将发令人和受令人的姓名填入变电站倒闸操作票“发令人”栏和“受令人”栏中。

2）由运行值班负责人将发令人发布正式操作指令的时间填入“发布时间”栏内。

（3）操作时间的填写

1）操作开始时间：执行倒闸操作项目第一项的时间。

2）操作结束时间：完成倒闸操作项目最后一项的时间。

（4）倒闸操作的分类

1）监护下操作栏：对于由两人进行同一项的操作，在该栏内打“√”。监护操作时，由其中对设备较为熟悉者作监护。

2）单人操作栏：由一人完成的操作，在该栏内打“√”。

3）检修人员操作栏：由检修人员完成的操作，在该栏内打“√”。

（5）操作票签名

1）操作人和监护人经模拟操作确认操作票无误后，由操作人、监护人分别在操作票上签名。

2）操作人、监护人分别签名后交运行值班负责人审查，无误后由运行值班负责人在操作票上签名。

（6）操作票打“√”

1）监护人在操作人完成此项操作并确认无误后，在该项操作项目前打“√”。

2）对于检查项目，监护人唱票后，操作人应认真检查，确认无误后再高声复诵，监护人同时进行检查，确认无误并听到操作人复诵后，在该项目前打“√”。

（7）操作票终止号

1）按照倒闸操作顺序依次填写完倒闸操作票后，在最后一项操作内容的下一空格中间位置记下终止号。

2）如果最后一项操作内容下面没有空格，终止号可记在最后一项操作内容的末尾处。

（8）操作票盖章

1）操作票项目全部结束，由操作人在已执行操作票的终止号上盖“已执行”章。

2）合格的操作票全部未执行，由操作人在操作任务栏中盖“未执行”章，并在备注栏中注明原因。

3）若监护人、操作人操作中发现问题，应及时告知运行值班负责人，运行值班负责人汇报给值班调度员后停止操作。该操作票不得继续使用，并在已操作完项目的最后一项盖“已执行”章，在备注栏注明“本操作票有错误，自××项起不执行”。

4）填写错误以及审核发现有错误的操作票时，由操作人在操作任务栏中盖“作废”章。

二、电力线路倒闸操作票的填写

1. 操作任务的填写要求

（1）电力线路倒闸操作票中对操作任务的要求

操作任务应根据电力线路倒闸操作命令发布人发布的操作命令内容和专用术语进行填写。

（2）操作任务中设备的状态

包括运行状态、热备用状态、冷备用状态和检修状态。

（3）操作任务的填写类别

包括电力线路、电力线路断路器、电力线路隔离开关、开关站、配电变压器、接地线等操作任务的填写。

2. 操作项目的填写要求

（1）应填入操作票操作项目栏中的项目

1）应拉开、合上的配电网中断路器、隔离开关、跌落式熔断器、配电变压器室二次侧开关、刀开关。

2）检修后的设备送电前，检查与该设备有关的断路器、隔离开关、跌落式熔断器确在拉开位置。

3）装设接地线前，应在停电设备上进行验电。装、拆接电线均应注明接地线的确切地点和编号。

（2）可以不填写操作票的项目

事故处理应根据调度值班员的命令进行操作，可不填写操作票，但事后必须及时做好记录。

（3）操作项目的填写类别

包括电力线路断路器、电力线路隔离开关、跌落式熔断器、开关站、接地线等的填写。

3. 备注栏的填写要求

（1）断路器的操作

1）防止电源线路误并列、误解列的提示。

2）配电网环网断路器的拉开（合上）操作必须经过调度指令方可执行。

（2）隔离开关的操作

1）配电线路支线隔离开关操作前必须检查支线所带全部配电变压器一次侧跌落式熔断器全部断开，在配电线路支线上没有负荷，且配电变压器与配电线路支线有明显断开点，方可拉开（合上）支线隔离开关。

2）隔离开关操作完毕后必须将其闭锁装置锁住。

（3）跌落式熔断器的操作

对下列内容如果有必要强调时应在备注栏内注明：

1）分相拉开跌落式熔断器时，要先拉开中相跌落式熔断器，再拉开边相跌落式熔断器。

2）分相合上跌落式熔断器时，要先合上边相跌落式熔断器，再合上中相跌落式熔断器。

（4）验电

1）必须对电力线路三相逐一验电，确认无电压。

2）当验明电力线路确无电压后，对检修的电力线路接地并三相短路。

（5）接地线

1）装设接地线必须先接接地端，后接导体端，且必须接触良好，严禁用缠绕方式接地。

2）装设接地线时，工作人员应使用绝缘棒或戴绝缘手套，人体不得碰触接地体。

3）操作人在装设接地线时，监护人严禁帮助操作人拉、拽接地线，以免失去监护操作。

在电力线路倒闸操作中出现问题、因故中断操作以及填好的操作票没有执行等情况都应在备注栏中注明。

4. 电力线路倒闸操作票其他栏目的填写要求

（1）操作票的编号

电力线路倒闸操作票的编号由各个单位统一编号，使用时应按编号顺序依次使用，对于电力线路倒闸操作票的编号不能随意改动。

（2）操作票的单位

电力线路倒闸操作票的单位处应填入操作人、监护人所在的单位，单位名称要写全称。

（3）发令与受令

1）配电网调度值班员向配电运行人员发布正式的操作命令，由配电运行人员将发令人和受令人的姓名填入电力线路倒闸操作票“发令人”栏和“受令人”栏中。

2）由配电运行人员将发令人发布正式操作指令的时间填入

“发布时间”栏内。

（4）操作时间的填写

操作开始时间：执行电力线路倒闸操作项目第一项的时间。

操作结束时间：完成电力线路倒闸操作项目最后一项的时间。

（5）操作票签名

电力线路倒闸操作前，操作人和监护人应对电力线路倒闸操作票进行认真审核，并确认操作票无误后，由操作人、监护人分别在操作票上签名。

（6）操作票打“√”

监护人在操作人完成此项操作并确认无误后，在该项操作项目前打“√”。

（7）操作票的终止号

电力线路倒闸操作票按照倒闸操作顺序依次填写完毕后，在最后一项操作内容的下一空格中间位置记下终止号。

（8）操作票盖章

1）电力线路倒闸操作票项目全部结束，操作人在已执行电力线路倒闸操作票的终止号上盖“已执行”章。

2）合格的操作票全部未执行，由操作人在操作任务栏中盖“未执行”章，并在电力线路倒闸操作票备注栏中注明原因。

3）若监护人、操作人操作中发现问题，应及时向配电网调度值班员和配电工区值班员报告，绝对不允许擅自更改操作票，该操作票不得继续使用，并在已操作完项目的最后一项盖“已执行”章，在电力线路倒闸操作票备注栏注明“本操作票有错误，自××项起不执行”。对多张操作票，应从第二张操作票起每张操作票的操作任务栏中盖上“作废”章，然后重新填写操作票再继续操作。

三、倒闸操作票的填写实例

10千伏长江支线长江配电变压器室1号配电变压器由检修转为运行倒闸操作票实例。

变电站（发电厂）倒闸操作票

单位________ 编号________

<table>
<tr><td>发令人</td><td></td><td>受令人</td><td></td><td>发令时间</td><td>年 月 日 时</td></tr>
<tr><td colspan="4">操作开始时间：
年 月 日 时</td><td colspan="2">操作结束时间：
年 月 日 时</td></tr>
<tr><td colspan="6">（ ）监护下操作（ ）单人操作（ ）检修人员操作</td></tr>
<tr><td colspan="6">操作任务：
10 千伏长江支线长江配电变压器室 1 号配电变压器由检修转为运行</td></tr>
<tr><td>顺序</td><td colspan="4">操作项目</td><td></td></tr>
<tr><td>1</td><td colspan="4">检查 10 千伏长江支线长江配电变压器室 1 号配电变压器位置正确</td><td>√</td></tr>
<tr><td>2</td><td colspan="4">拆除 1 号配电变压器 10 千伏跌落式熔断器与 1 号配电变压器间 1 号接地线</td><td>√</td></tr>
<tr><td>3</td><td colspan="4">检查 1 号配电变压器 10 千伏跌落式熔断器与 1 号配电变压器间 1 号接地线确已拆除</td><td>√</td></tr>
<tr><td>4</td><td colspan="4">检查 1 号配电变压器 10 千伏跌落式熔断器与 1 号配电变压器间确无接地短路</td><td>√</td></tr>
<tr><td>5</td><td colspan="4">检查 1 号配电变压器 1－1 刀开关确已拉开</td><td>√</td></tr>
<tr><td>6</td><td colspan="4">合上 1 号配电变压器 10 千伏 C 相跌落式熔断器</td><td>√</td></tr>
<tr><td>7</td><td colspan="4">检查 1 号配电变压器 10 千伏 C 相跌落式熔断器确已合好</td><td>√</td></tr>
<tr><td>8</td><td colspan="4">合上 1 号配电变压器 10 千伏 A 相跌落式熔断器</td><td>√</td></tr>
<tr><td>9</td><td colspan="4">检查 1 号配电变压器 10 千伏 A 相跌落式熔断器确已合好</td><td>√</td></tr>
<tr><td>10</td><td colspan="4">合上 1 号配电变压器 10 千伏 B 相跌落式熔断器</td><td>√</td></tr>
<tr><td>11</td><td colspan="4">检查 1 号配电变压器 10 千伏 B 相跌落式熔断器确已合好</td><td>√</td></tr>
<tr><td>12</td><td colspan="4">终止号</td><td>√</td></tr>
<tr><td colspan="6">备注：</td></tr>
<tr><td colspan="6">操作人： 监护人： 值班负责人（值长）：</td></tr>
</table>

第五节 工作票

一、工作票的定义、内容和方式

1. 工作票的定义

工作票是指将需要检修或试验的设备、工作内容、工作人员、安全措施等填写在具有固定格式的书面上，以作为进行工作的书面依据，这种印有电气工作固定格式的书页称为工作票。

2. 工作票的内容和方式

工作票内容包括工作票编号、工作负责人、工作班成员、工作地点和工作内容，计划工作时间、工作终结时间，停电范围、安全措施，工作许可人、工作票签发人、工作票审批人、送电后评语等。

执行工作票有两种方式，即填写工作票和执行口头或电话命令。

二、工作票的填写及工作制度

1. 工作票的填写

工作票由发布工作命令的人员填写，一式两份。一般在开工前一天交到运行值班处，并通知施工负责人。

一个工作班在同一时间内只能布置一项工作任务，发给一张工作票。工作范围以一个电气连接部分为限。电气连接部分是指接向汇流母线并安装在某一配电装置室、开关场地、变压器室范围内，连接在同一电气回路中设备的总称，包括断路器、隔离开关、电压互感器和电流互感器等。若几项任务需要交给同一工作班执行，为防止将工作的时间、地点和安全措施搞错而造成事故，只能先布置其中的一个任务，发给工作负责人一张工作票。待任务完成将工作票收回后，再布置第二个任务和发给第二张工作票。值班人员接到工作票后，要审查工作票上所提出的安全措施是否完备。发现有错误或疑问时，应及时向签发人提出。施工负责人在接受工作任务后，应组织有关人员研究所提出的任务和安全措施并按照任务要求在开工前做好必要的准备工作。

（1）第一种工作票填写的三项具体要求

1）工作许可人填写安全措施，不允许写“同左”的字样。

2）应装设的地线要写明装设的确实地点，已装设的地线要写明确实地点和地线编号。

3）工作地点保留带电部分要写明工作邻近地点有触电危险的

具体带电部位和带电设备名称并悬挂警告牌。

（2）在开工前，工作许可人必须按工作票“许可开始工作的命令”栏内的要求把许可的时间、许可人及通知方式等认真地填写清楚。工作终结后，工作负责人必须按“工作终结的报告”栏内规定的内容逐项认真填写，严格履行工作票终结手续。

（3）工作票的填写内容必须符合部颁安全工作规程的规定，工作票由所统一编号，按顺序使用。填写时要做到字迹工整、清楚、正确。如有个别错、漏字需要修改时，必须保持清晰并在该处盖章。执行后的工作票要妥善保管，至少保存三个月，以备检查。

2. 工作票制度

工作票制度是指电气设备上进行任何电气作业都必须填写工作票，并依据工作票布置安全措施及办理开工、终结手续。

具体制度如下：

（1）一切运行中的电气设备上的工作均应按《电力安全工程规程》的规定使用工作票，或按口头、电话命令执行，除事故的检修外，严禁不使用工作票在运行中的电气设备上工作。

（2）工作票必须使用统一格式，用钢笔或圆珠笔填写，一式两份，确保正确、清楚，不得任意涂改，如有个别错、漏字需要修改，也应字迹清楚并在该处盖章。

（3）工作票签发人和工作许可人不得兼任工作负责人，工作负责人可以填写工作票，工作许可人不得签发工作票。

（4）一个工作负责人不能同时接收两张工作票，只有完成一张工作票的任务之后，并办理了工作终结手续，方可接收另一张工作票。

（5）两张工作票中，一张由工作许可人收执，另一张由工作负责人收执；已执行的工作票，一张存变（配）电室备查，另一张由部门负责人保存；线路工作票，一张存工作票签发人处备查，另一张由部门负责人收执；已执行的工作票由工作票签发人交值班负责人保存备查。

（6）变（配）电室一张工作票上所列工作地点以一个电气转换部分为限，但安全措施一次做完的下列情况允许几个电气连接部分共用一张工作票。

1）连接于同一母线上的几个电气连接部分，同时停送电者（但需在备注栏内办理工作转移手续）。

2）一台主变压器停电检修时，其各侧开关也配合检修，且同时停送电者。

3）一个配电装置全部停电时，所有不同地点、不同类型的工作。

4）一个配电装置虽未全部停电，但只有个别引入线带电，并对带电部分采取了可靠的安全隔离措施者。

5）在几个电气连接部分上，集中进行不停电的同一类工作，可以发给一张第二种工作票。

（7）线路第一种工作票每张只能用于一条线路或一个工作地段，下列情况可以发给一张第二种工作票。

1）一条线路同时停、送电几条线路。

2）与停电检修线路交叉，邻近的另几回线路，同时停送电者。

3）一个工作班在同一天内对同一电压等级，在不同的几条线路上的多处配电变压器上进行同一类工作，配电线路无须停电。

4）第二种工作票：对同一电压等级、同类型工作，可在数条线路上共用一张工作票，第二种工作票的工作不需要履行工作许可手续，但工作前应与调度联系，工作结束后应通知调度（部门负责人）。

（8）非电气工作人员在变（配）电室工作应有专人监护。

（9）工作票保存一年。

（10）工作票的评价与考核。

1）值班负责人和部门负责人每季度对工作票进行抽查、审核、评价、统计合格率，并纳入考核。

2）工作票存在下列问题之一者为不合格：

①按规定应用工作票而未填写者（称无票工作）。

②工作项目不清，票面涂改三处以上者。

③现场所列安全措施不完善、字迹潦草、模糊不清者。

三、工作票工作班组成员的安全责任

1. 工作票签发人

（1）工作必要性和安全性。

（2）工作票上所填安全措施是否正确、完备。

（3）所派工作负责人和工作班人员是否适当和充足。

2. 工作负责人（监护人）

（1）正确、安全地组织工作。

（2）负责检查工作票所列安全措施是否正确、完备，是否符合现场实际条件，必要时予以补充。

（3）工作前对工作班成员进行危险点告知，交代安全措施和技术措施，并确认每一个工作班成员都已知晓。

（4）严格执行工作票所列安全措施。

（5）督促、监护工作班成员遵守本规程、正确使用劳动防护用品和执行现场安全措施。

（6）工作班成员精神状态是否良好，变动是否合适。

3. 工作许可人

（1）负责审查工作票所列安全措施是否正确、完备，是否符合现场条件。

（2）工作现场布置的安全措施是否完善，必要时予以补充。

（3）负责检查检修设备有无突然来电的危险。

（4）对工作票所列内容即使存在很小的疑问，也应向工作票签发人询问清楚，必要时应要求作详细补充。

4. 专责监护人

（1）明确被监护人员和监护范围。

（2）工作前对被监护人员交代安全措施，告知危险点和安全注意事项。

（3）监督被监护人员遵守本规程和现场安全措施，及时纠正不安全行为。

5. 工作班成员

（1）熟悉工作内容、工作流程，掌握安全措施，明确工作中的危险点，并履行确认手续。

（2）严格遵守安全规章制度、技术规程和劳动纪律，对自己在工作中的行为负责，互相关心，工作安全，并监督该规程的执行和现场安全措施的实施。

（3）正确使用安全工器具和劳动防护用品。

四、工作票的填写实例

变电站（发电厂）第一种工作票

工作单位________　　编号________

1. 工作负责人（监护人）________　　班组________
2. 工作班人员（不包括工作负责人）

____

共________人。

3. 工作的变配电站名称及设备双重名称

____

4. 工作任务

工作地点或地段	工作内容
110 千伏温光线 1251 刀闸	更换

5. 计划工作时间

自________年____月____日____时____分

至________年____月____日____时____分

6. 安全措施（必要时可附页绘图说明）

应拉开的断路器（开关）、隔离开关、（刀闸）	已执行
拉开 125 开关	已执行
拉开 1251、1252、1253、1301、1021、1271、1018 刀闸	已执行
应装接地线、应合接地刀闸（注明确实地点、名称及接地线编号*）	已执行
在 125 开关至 1251 刀闸之间靠开关侧装设接地线一组（01）	已执行
合上 110 千伏 I 母 1010 接地刀闸	已执行
应设遮栏、挂标志牌及采取防止二次回路误碰等措施	已执行
在 1251 刀闸四周装设遮栏，在遮栏上朝内悬挂“止步，高压危险！”的标志牌并设有唯一通道，在通道口悬挂“从此进出！”的标志牌	已执行

在125开关及1251、1252、1253、1301、1021、1271、1018刀闸操作把手上悬挂“禁止合闸，有人工作！”的标志牌	已执行
在1251刀闸上悬挂“在此工作！”的标志牌	已执行
在1号爬梯入口处挂“从此上下！”的标志牌	已执行
在1251刀闸通往相邻带电设备1301、110千伏Ⅰ母PT1018刀闸通道处分别悬挂“止步，高压危险！”的标志牌	已执行

*已执行栏目及接地线编号由工作许可人填写。

工作地点保留带电部分或注意事项（工作票签发人填写）：	补充工作地点保留带电部分和安全措施（工作许可人填写）：
注意110千伏带电设备保持1.5米安全距离	

工作票签发人签名________　　　　签发日期________年____月____日____时____分

7. 收到工作票时间

________年____月____日____时____分

运行值班人员签名________　　　　工作负责人签名________

8. 确认本工作票1—7项

工作负责人签名________　　　　运行值班人员签名________

许可工作时间________年____月____日____时____分

9. 确认工作负责人布置的任务和本施工项目安全措施

工作班组人员签名

____

10. 工作负责人变更情况

原工作负责人________离去，变更________为工作负责人

工作票签发人：______　________年____月____日____时____分

工作人员变动（变动人员姓名、变动日期及时间）：

增添人员姓名	日	时	分	工作负责人签名	离去人员姓名	日	时	分	工作负责人签名
	日	时	分			日	时	分	
	日	时	分			日	时	分	
	日	时	分			日	时	分	
	日	时	分			日	时	分	

工作负责人签名________

11. 工作票延期

有效期延长到________年____月____日____时____分

工作负责人签名________年____月____日____时____分

工作许可人签名________年____月____日____时____分

12. 每日开工和收工时间（使用一天的工作票不必填写）

收工时间				工作负责人	工作许可人	开工时间				工作许可人	工作负责人
月	日	时	分			月	日	时	分		
月	日	时	分			月	日	时	分		
月	日	时	分			月	日	时	分		
月	日	时	分			月	日	时	分		
月	日	时	分			月	日	时	分		

13. 工作终结

全部工作于________年____月____日____时____分结束，设备及安全措施已恢复至开工前状态，工作人员已全部撤离，材料、工具已清理完毕，工作已终结。

工作负责人签名________　　　　工作许可人签名________

14. 工作票终结

临时遮栏、标志牌已拆除，常设遮栏已恢复。未拆除或未拉开的接地线编号____无____等共__0__组、接地刀闸（小车）共__0__组（副、台）、绝缘隔板编号____无____共__0__块，已汇报调度值班员。

工作许可人签名________年____月____日____时____分

15. 备注

（1）指定专责监护人________负责监护________________（地点及具体工作）

指定专责监护人________负责监护________________（地点及具体工作）

指定专责监护人________负责监护________________（地点及具体工作）

（2）其他注意事项

____

变电站（发电厂）第二种工作票

单位________　　　　编号________

1. 工作负责人（监护人）________　　　　班组________

2. 工作班人员（不包括工作负责人）：

____

共________人。

3. 工作任务：

工作地点或地段	工作内容
10 千伏城西线 64 号杆	10 千伏城西线 64 号杆配电台区跌落式熔断器带电接三相引线工作

4. 计划工作时间：自________年____月____日____时____分

至________年____月____日____时____分

5. 注意事项（安全措施）：

（1）____

（2）____

（3）____

工作票签发人签名________签发日期________年____月____日____时____分

工作负责人签名________ 签发日期________年____月____日____时____分

6. 确认工作负责人布置的工作任务和安全措施

工作班人员签名：

____

7. 工作开始时间________年____月____日____时____分 工作负责人签名________

工作完工时间________年____月____日____时____分 工作负责人签名________

8. 工作票延期：有效期延长到________年____月____日____时____分

9. 备注：

____

第六节 安全工作的组织措施

安全工作的组织措施一般包括工作票制度，工作许可制度，工作监护制度，工作间断、转移和终结以及恢复送电制度。

一、工作票制度、工作许可制度及监护制度

1. 工作票制度

工作票是准许在电气设备上工作的书面安全要求之一，包含编号、工作地点、工作内容、计划、工作时间、工作许可时间、工作

终结时间、停电范围和安全措施，以及工作票签发人、工作许可人、工作负责人和工作班成员等内容。

（1）第一种工作票

适用于需要高压设备全部停电、部分停电或做安全措施的工作；需要线路或配电设备全部停电或部分停电的工作。

（2）第二种工作票

适用于安全距离大于《电力安全工作规程》规定值的相关场所和带电设备外壳上的工作以及不可能触及带电设备导电部分的工作；带电线路杆塔上与带电导线符合《电力安全工作规程》最小安全距离规定值的工作以及运行中的配电设备上的工作。

（3）带电作业工作票

适用于带电作业或与带电设备距离小于《电力安全工作规程》规定值的安全距离但按带电作业方式开展的不停电工作。

（4）紧急抢修单

适用于事故紧急抢修的工作，非连续进行的事故修复工作应使用工作票。

2. 工作许可制度

工作许可制度是指在完成安全措施后，为进一步加强工作责任感，确保工作安全所采取的一种必不可少的措施。

工作许可制度是工作许可人（当值电工）根据工作票的内容在采取设备停电安全技术措施后，向工作负责人发出工作许可的命令，工作负责人方可开始工作；在检修工作中，工作间断、转移以及工作终结必须由工作许可人许可，所有这些组织程序规定都叫工作许可制度。

3. 工作监护制度

工作监护制度是指检修工作负责人带领工作人员到施工现场，布置好工作后，对全班人员不断进行安全监护，以防止工作人员误走（登）到带电设备上发生触电事故，误走到危险的高空发生摔伤事故，以及错误施工造成的事故。同时，工作负责人因事离开现场必须指定临时监护人。在工作地点分散，有若干个工作小组同时进行工作，工作负责人必须指定工作小组监护人。监护人在工作中必须履行其职责，所有这种制度叫工作监护制度。

工作监护制度是保证人身安全及操作正确的主要措施。执行工作监护制度是为了使工作人员在工作过程中有人监护、指导，以便及时纠正一切不安全的动作和错误做法，特别是在靠近有电部位及工作转移时更为重要。监护人应熟悉现场的情况，应有电气工作的实际经验，其安全技术等级应高于操作人。

二、工作间断、转移和终结以及恢复送电制度

1. 工作间断制度

工作间断制度是指在执行工作票或安全措施票期间，因故暂时停止工作，然后又复工或当日收工，次日再进行工作，即工作中间有间断以及在工作间断时所规定的制度。

2. 工作转移制度

工作转移制度是指修好一台设备后并转移到另一台设备上工作，都应重新检查安全技术措施有无变动或重新履行工作许可手续，为此制定的规定。

3. 工作终结制度

工作终结制度是指检修工作完毕，由工作负责人检查督促全体工作人员撤离现场，对设备状况、现场清洁卫生工作以及无遗留物件等进行检查，检修人员自己采取的临时安全技术措施（如接地线等）应自行拆除，然后向工作许可人报告，并一同对工作进行验收、检查，合格后双方在工作、安全措施票上签字。这时工作票才算终结。

4. 恢复送电制度

恢复送电制度是指必须在工作许可人接到所有工作负责人的完工报告后，并确知工作已经完毕，所有工作人员已从线路上撤离，接地线已拆除，并与记录簿核对无误后方下令拆除发电厂、变电所线路侧的安全措施，向线路恢复送电。

第七节 安全工作技术措施及一般安全措施

在电力线路上工作或进行电气设备检修时，为了保证工作人员

的安全，一般都是在停电状态下进行。停电分为全部停电和部分停电，不管是在全部停电还是部分停电的电气设备上或电力线路上工作，都必须采取停电、验电、装设接地线以及悬挂标志牌和装设遮栏四项基本措施。这是保证发电厂、变电站、电力线路工作人员安全的重要技术措施。

一、发电厂、变电站工作的安全技术措施

1. 停电

下列情况应停电：

（1）待检修的设备。

（2）与工作人员工作中正常活动范围的距离小于表2-1规定的设备。工作人员工作中正常活动范围与设备带电部分的安全距离见表2-1。

表2-1 工作人员工作中正常活动范围与设备带电部分的安全距离

电压等级（千伏）	安全距离（米）	电压等级（千伏）	安全距离（米）
10及以下（13.8）	0.35	750	8.00
20、35	0.60	1 000	9.50
63（66）、110	1.50	±50及以下	1.50
220	3.00	±500	6.80
330	4.00	±660	9.00
500	5.00	±800	10.10

（3）在44千伏以下的设备上进行工作，安全距离虽大于表2-1的规定，但小于表2-2的规定，同时又无安全遮栏设备。设备不停电时的安全距离见表2-2。

表2-2 设备不停电时的安全距离

电压等级（千伏）	安全距离（米）	电压等级（千伏）	安全距离（米）
10	0.7	750	7.2
20、35	1.0	1 000	8.7
110	1.5	±50	1.5
220	3.0	±500	6.0
330	4.0	±660	8.4
500	5.0	±800	9.3

(4) 带电部分在工作人员后面或两侧无可靠安全措施的设备。将检修设备停电，必须把各方面的电源完全断开（任何运行中的星形接线设备的中性点必须视为带电设备)。必须拉开电闸，使各方面至少有一个明显的断开点，与停电设备有关的变压器和电压互感器，必须从高压、低压两侧断开，防止向停电检修设备反送电。禁止在只经开关断开电源的设备上工作，断开开关和刀闸的操作电源，刀闸操作把手必须锁住。

2. 验电

验电时，必须用电压等级合适而且合格的验电器。在检修设备的进线、出线两侧分别验电。验电前，应先在有电设备上进行试验，以确认验电器良好，如果在木杆、木梯或木架上验电，不接地线不能指示者，可在验电器上接地线，但必须经值班负责人许可。

高压验电必须戴绝缘手套。对于35千伏以上的电气设备，在没有专用验电器的特殊情况下，可以使用绝缘棒代替验电器，根据绝缘棒端有无火花和放电声来判断有无电压。

表示设备断开和允许进入间隔的信号、经常接入的电压表等不得作为无电压的根据。但如果指示有电，则禁止在该设备上工作。

3. 装设接地线

当验明确无电压后，应立即将检修设备接地并三相短路。这是保证工作人员在工作地点防止突然来电的可靠安全措施，同时，设备断开部分的剩余电荷也可因接地而放尽。

4. 悬挂标志牌和装设遮栏

在工作地点、施工设备及一经合闸即可送电到工作地点或施工设备的断路器和隔离开关的操作把手上，均应悬挂“禁止合闸，有人工作!”的标志牌。若是远方操作的断路器和隔离开关，应在控制盘的操作把手上悬挂“禁止合闸，有人工作!”的标志牌。标志牌的悬挂和拆除应按调度员的命令执行。

二、电力线路上工作的安全技术措施

1. 停电

在电力线路上工作前，应做好的停电措施包括断开发电厂、变电站（含用户）线路断路器和隔离开关；断开需要工作的线路各端断路器、隔离开关和熔断器；断开危及该线路停电作业且不能采取安全措施的交叉跨越、平行和同杆线路的断路器和隔离开关；断开有可能返回低压电源的断路器和隔离开关；要检查断开后的断路器、隔离开关是否在断开位置；断路器、隔离开关的操作机构应加锁；跌落式熔断器的熔断管应摘下，并应在断路器或隔离开关操作机构上悬挂“线路有人工作，禁止合闸！”的标志牌。

2. 验电

在停电线路工作地段装接地线前要先验电，验明线路确无电压。验电要用合格的相应电压等级的专用验电器。330 千伏及以上的线路，在没有相应电压等级的专用验电器的情况下，可用合格的绝缘棒或专用的绝缘绳验电。验电时，绝缘棒的验电部分应逐渐接近导线，听其有无放电声，确定线路是否确无电压。验电时应戴绝缘手套，并有专人监护，线路的验电应逐相进行。检修联络用的断路器或隔离开关时，应在其两侧验电。对同杆塔架设的多层电力线路进行验电时，先验低压，后验高压；先验下层，后验上层。

3. 挂接地线

线路经过验明确无电压后，应立即在工作地段两端挂接地线。凡有可能送电到停电线路的分支线也要挂接地线。若有感应电压反映在停电线路上时，应加挂接地线。在拆除接地线时，要注意防止感应电触电。

同杆塔架设的多层电力线路挂接地线时，应先挂低压，后挂高压；先挂下层，后挂上层。

挂接地线时，应先接接地端，后接导线端，接地线连接要可靠，不准缠绕，拆除地线时程序与此相反。装、拆接地线时，工作人员应使用绝缘棒或戴绝缘手套，人体不得碰触接地线。若杆塔无接地引下线，可采用临时接地棒，接地棒在地面下深度不得小于 0.6 米。

接地线应由接地导线和短路导线构成成套接地线。成套接地线必须用多股软铜线组成，其截面积不得小于 25 平方毫米。如利用铁塔接地时，允许每相个别接地，但铁塔与接地线连接部分应清除涂料，确保接触良好。严禁使用其他导线作接地线和短路线。

4. 悬挂标志牌和装设遮栏

如果线路上有人工作，应在线路开关和刀闸操作把手上悬挂“禁止合闸，线路有人工作！”的标志牌。工作地点邻近带电架构必须悬挂“禁止攀登、高压危险！”的标志牌。工作地点四周要设临时遮栏和警示标志。

三、一般安全措施

新参加电气工作的人员应经过安全知识教育后，方可到现场参加指定的工作，并且不得单独工作。

1. 穿戴符合国家规定的劳动防护用品

（1）生产现场作业人员应穿棉质工作服，不得穿化纤类服装。严禁穿拖鞋进入生产现场。女工禁止穿裙子、高跟鞋进入现场。

（2）进入生产现场应正确佩戴安全帽。

2. 进行生产操作必须熟知的安全措施

（1）工作票所列班组成员必须尽到安全责任。

（2）进入带电区域，人体与带电设备的距离不得小于表 2-1 规定的安全距离。

（3）在发生人身触电事故时，可以不经许可立即断开有关设备的电源，但事后应立即报告调度（或设备运行管理单位）和上级部门。

（4）在带电设备周围禁止使用钢卷尺、皮卷尺和线尺（夹有金属丝者）进行测量工作。

（5）在户外变电站和高压室内搬动梯子、管子等长物时，应两人放倒搬运，并与带电部分保持足够的安全距离。

（6）在变（配）电站（开关站）的带电区域内或邻近带电线路处禁止使用金属梯子。使用单梯工作时，梯与地面的倾斜角度为60°。梯子不宜绑接使用。人字梯应有限制开度的措施。人在梯子上时，禁止移动梯子。

（7）遇有电气设备着火时，应立即将有关设备的电源切断，然后进行救火。

（8）使用金属外壳的电气工具时应戴绝缘手套。

（9）电焊机的外壳必须可靠接地。

（10）使用中的氧气瓶和乙炔气瓶应竖直放置并固定起来，氧气瓶和乙炔气瓶的距离不得小于 5 米，气瓶的放置地点不准靠近热源，应距明火 10 米以外。

（11）高处作业均应先搭设脚手架，使用高处作业车、升降平台或采取其他防止坠落措施。在进行高处作业时，除有关人员外，不准他人在工作地点的下面通行或逗留，工作地点下面应有围栏或装设其他保护装置，防止落物伤人。

（12）安全带和专作固定安全带的绳索在使用前应进行外观检查。安全带应定期抽检，不合格的不准使用。安全带的挂钩或绳子应挂在结实、牢固的构件上，或挂在专为挂安全带用的钢丝绳上，并应采用高挂低用的方式。禁止挂在移动或不牢固的物件上［如隔离开关（刀闸）支持绝缘子、CVT 绝缘子、母线支柱绝缘子、避雷器支柱绝缘子等］。

第八节　班组安全检查与安全例会

班组是企业从事生产活动的基本单位。从安全角度来说，班组是控制事故的前沿阵地，是企业安全管理的基本环节，加强班组安全建设是企业加强安全生产管理的关键，班组安全检查和班组安全例会是班组安全建设的重要内容。

一、班组安全检查

安全检查是指对生产系统中潜在的危险和有害因素进行调查，掌握其一般规律，对安全设施和安全措施的有效性进行核查，以达到安全生产的目的。班组的安全检查可借助详细的安全检查表完成。通过安全检查，可以在事故发生之前辨识出生产过程中的危险和有害因素，为分析、评价、控制和消除危险，防止事故发生提供依据。

班组安全检查的内容包括安全技术规程和安全管理制度的执行

情况、设备和工器具的状态与安全运行状况、员工个人保护措施、员工身心健康状况、劳动条件和工作环境等。班组安全检查的方式分为日常检查、定期检查、专项检查、季节性检查和突击性检查。班组安全检查的方法有自查、互查、抽查、辅助查。

“一班三检”是指每个工作日或每个轮值，由生产部门负责人主持召开的贯穿于生产过程中的检查和告知。主要通过生产部门负责人、安全员及操作者的现场检查，发现生产过程中物的不安全因素和人的不安全行为，进一步提升安全生产标准化管理水平。

“一班”是指运行班站（变电、调度、运维等班站）为一个值班周期，其他班站（供电、保线、修试、计量等班站）为每个工作日。“三检”是指班前、班中、班后安全检查，应遵守“班前查安全，定措施；班中查安全，标准化作业；班后查安全，总结和完善”的要求。

1. 班前检查

运行部门在每轮值交接班时，由负责人主持召开班前检查，交接班巡视应重点检查作业现场，是否存在不安全因素；检查各类工器具是否齐备合格；员工着装规范，精神面貌良好；结合当班运行方式、工作任务，开展安全风险分析，布置风险预控措施，组织交代工作任务，并向工作人员如实告知作业中存在的危险因素、防范措施以及事故应急措施。

其他生产部门则由负责人每日主持召开班前会，根据当天工作任务、班组日常事务、已进行现场勘查的工作地点环境等，检查工作准备情况及相应的安全措施、使用的安全工器具合格齐备，人员分工合理、着装规范、精神面貌良好；开展安全风险分析，布置风险预控措施，组织交代工作任务、作业风险和安全措施，分析危险点，如实告知作业人员工作中存在的危险因素、防范措施以及事故应急措施。

2. 班中检查

（1）开展重点部位安全生产检查（“点检”）、作业区域安全生产巡查（“巡检”），检查安全措施执行情况。

（2）按照规定，现场到位人员持现场监督检查卡，对照检查内容，逐一对作业现场的安全保护措施、安全技术措施、现场作业情况、文明施工和作业工器具情况监督检查，发现违章及时制止和纠正，并做好记录。

（3）作业现场工作负责人和监护人重点对所辖设备运行状况、作业环境危险因素及作业现场的安全措施进行巡视检查，并制止和纠正违章行为，消灭事故苗头，保证作业人员按章操作和设备正常运行，同时排查生产过程中的职业危害和安全隐患。

（4）作业人员要随时检查作业地点的安全状况和自己的作业行为，如遇重大事故隐患，应停止作业，并及时上报，在确保安全后，才能重新作业。

（5）具体检查如下：

1）对工作票所列的安全措施和注意事项进行两交底，确保作业人员都已知晓，作业过程中严格执行工作许可和停送电管理制度，确保现场作业安全可控、在控、能控。

2）工作内容是否与批准工作内容相符；现场应到位人员是否到位，是否与批准人员相符，到位人员是否严格履行安全职责。

3）现场“三措一案”是否符合现场实际，是否严格执行并落实到位；现场装设的安全遮栏和悬挂的标志牌是否符合安全措施标准化要求。

4）现场危险点分析预控措施是否结合现场实际，是否具有针对性和可操作性；主要技术流程是否正确。

5）调度命令与操作票内容是否一致，操作票是否漏项、错项，操作票是否严格执行，有无漏项、跳项操作；工作票所列安全技术措施是否与现场采取的措施相符，是否按照规定进行了“两交底”。

6）现场作业人员是否充足、分工是否合理、监护是否到位；现场工作人员是否按规定着装，工作人员是否有违章行为。

7）施工现场使用的民工、临时工是否办理了用工审批手续，双方是否签订了安全协议书，对民工、临时工是否进行了现场安全教育和安全技术交底，是否有相关的书面记录；特殊工种是否持证上岗；民工、临时工是否使用合格的安全防护用品（主要指安全帽、登高人员安全带等）。

8）是否装有漏电保护器，配电箱、电动工具等是否按规定接地，各类接地是否符合要求；现场安全工器具、绝缘工器具的配置和使用是否符合规定；现场使用的机械设备是否严格执行操作规程。

9）是否严格按照安全文明施工标准化规定执行。

10）现场车辆的技术状况及派车单执行情况。

11）电网、设备及线路运行工况是否满足相关技术规程。

3. 班后检查

当天工作结束后或一轮值结束后，由负责人组织召开班组后会，及时总结当班组工作和安全情况，表扬遵章守纪行为，批评忽视安全、违章作业等不良现象，分析工作中存在问题，提出改进意见和建议，做好会议记录。

二、班组安全例会

班组安全例会是提高员工安全意识，增长员工安全知识的重要手段，也是贯彻落实国家、企业安全管理制度的有效途径，更是企业安全文化建设的重要环节。班组安全例会应定期召开，会议由班组长主持，班组全体人员参加。班组安全例会的内容包括以下几方面。

1. 根据企业近期安全工作安排或近期安全工作重点，确定会议主题，根据主题召开会议，及时传达企业安委会、安全例会精神，传达安全检查通报，对相关内容进行研讨学习。

2. 对企业下发的安全事故通报，及时组织在班组安全会议上学习和讨论，并根据通报事故性质，及时组织相关的班组内部专项安全检查，教育班组全体员工提高安全防范意识，进一步落实“四不伤害”防护要求，防止类似安全事故的再次发生。

3. 提出生产工作中存在的安全问题并讨论解决办法，或者结合有关事故案例、违章行为和事故隐患的危害进行讨论，吸取经验教训，提高安全防范意识。

4. 班组安全会议召开前，先要组织班组内部安全自查，将检查中出现的安全隐患记录于班组安全会议记录本后（班组安全自查记录栏内)，对上周检查出的安全隐患整改情况进行验证。

5. 开展其他形式的安全活动。

本章小结

1. 作业现场在具备基本的条件后方可允许进行作业，现场作业人员必须满足相关的条件，并了解电气设备的相关分类情况，才能按照安全生产的要求进行安全工作。

2. 在坠落高度基准面2米以上（含2米）有可能坠落的高处进行的作业，都称为高处作业。要了解高处作业的安全防护技术措施和注意事项，遵守高处作业的安全规定。

3. 倒闸操作是一项复杂而重要的工作，操作正确与否，直接关系到操作人员的安全和设备的正常运行。在进行倒闸操作时，要了解注意事项、遵守倒闸操作的一般原则。

4. 操作票是操作人员进行操作而使用的程序执行票。要正确填写各类操作票，操作设备时还要严格按照操作票的顺序进行操作。

5. 工作票是指将需要检修或试验的设备、工作内容、工作人员、安全措施等填写在具有固定格式的书面上，以作为进行工作的书面依据。要正确地填写各种工作票，并遵守工作票制度。

6. 安全工作的组织措施一般包括工作票制度，工作许可制度，工作监护制度，工作间断、转移和终结以及恢复送电制度。

7. 不管是在全部停电还是部分停电的电气设备上或电力线路上工作，都必须采取停电、验电、装设接地线以及悬挂标志牌和装设遮栏四项基本措施。这是保证发电厂、变电站、电力线路工作人员安全的重要技术措施。

8. 从安全角度来说，班组是控制事故的前沿阵地，是企业安全管理的基本环节，加强班组安全建设是企业加强安全生产管理的关键。班组安全检查和班组安全例会是班组安全建设的重要内容。

第二章复习思考题

一、填空题

1. 各类作业人员应被告知其作业现场和工作岗位存在的________因素、防范措施及事故紧急处理措施。

2. 在坠落高度基准面________有可能坠落的高处进行的作业，都称为高处作业。

3. 将设备由一种状态转变为另一种状态的过程叫________。

4. 操作票又叫________，就是将电气设备从一种状态转到另一种状态的过程顺序写成操作票。

5. 使用单梯工作时，梯与地面的倾斜角度为________度。

6. 安全检查是指对生产系统中潜在的________进行调查，掌握其一般规律，对安全设施和安全措施的有效性进行核查，以达到安全生产的目的。

7. 验电前，应先在________设备上进行试验，以确认验电器良好。

8. 挂接地线时，应先接________端，后接________端。

二、选择题

1. (　　)状态即电气设备的开关处于分闸位置，闸刀处于合闸位置，其动力、保护和控制电源均送上。

A. 运行　　B. 冷备用　　C. 热备用　　D. 检修

2. 高处作业的级别可分为(　　)级。

A. 一　　B. 二　　C. 三　　D. 四

3. 一个工作班在同一时间内只能布置(　　)项工作任务，发给一张工作票。

A. 一　　B. 二　　C. 三　　D. 四

4. 氧气瓶和乙炔气瓶的距离不得小于(　　)米。

A. 2　　B. 3　　C. 4　　D. 5

5. 安全带使用时应采用(　　)的方式。

A. 高挂高用　　B. 低挂低用

C. 高挂低用　　D. 低挂高用

三、问答题

1. 工作票工作班组成员的安全责任是什么?

2. 安全工作的组织措施和技术措施有哪些?

3. 班组安全检查的内容有哪些? 班组安全检查的方式有哪些? 班组安全检查的方法有哪些?

第三章　电力安全工器具与电力系统灭火

本章学习目标

（1）了解电力安全工器具的分类和功能。

（2）掌握电力安全工器具的使用。

（3）了解电力系统灭火措施与器材。

（4）理解电力系统的防火与灭火。

第一节　电力安全工器具的分类和功能

工作人员在电力生产中正确使用电力安全工器具，是实现电力安全生产的一项重要工作。通过对大量电气伤害事故案例的分析表明，人身触电、灼伤、高处摔跌等事故中有相当一部分是由于没有使用或没有正确使用电力安全工器具引起的，也有一部分是由于缺少电力安全工器具或使用不合理造成的。电力安全工器具分为绝缘安全工器具、一般防护安全工器具、安全围栏（网）和标志牌三大类。

一、绝缘安全工器具

绝缘安全工器具分为基本绝缘安全工器具和辅助绝缘安全工器具两大类。

1. 基本绝缘安全工器具

（1）电容型验电器是通过检测流过验电器对地杂散电容中的电流，检验高压电气设备、线路是否带有运行电压的装置。电容型验电器一般是由接触电极、验电指示器、连接件、绝缘棒和护手环等组成。

（2）绝缘棒是用于短时间对带电设备进行操作或测量的绝缘工具，如接通或断开高压隔离开关、跌落熔丝具等。绝缘棒由合成材料制成，结构一般分为工作部分、绝缘部分和手握部分。

(3) 绝缘隔板是由绝缘材料制成，用于隔离带电部件、限制工作人员活动范围的绝缘平板。

(4) 绝缘罩是由绝缘材料制成，用于屏蔽带电导体或非带电导体的保护罩。

(5) 携带型短路接地线是用于防止设备、线路突然来电，消除感应电压，放尽剩余电荷的临时接地装置。

(6) 个人保护接地线（俗称“小地线”）用于防止感应电压危害的个人用接地装置。

(7) 核相器是用于检别待连接设备、电气回路是否相位相同的装置。

2. 辅助绝缘安全工器具

辅助绝缘安全工器具是指绝缘强度不是用于承受设备或线路的工作电压，只是用于加强基本绝缘安全工器具的保安作用，用以防止接触电压、跨步电压、泄漏电流电弧对操作人员的伤害。辅助绝缘安全工器具是不能用于直接接触高压设备带电部分，辅助绝缘安全工器具包括绝缘手套、绝缘靴（鞋）、绝缘胶垫等。

(1) 绝缘手套是由特种橡胶制成的，起电气绝缘作用的手套。

(2) 绝缘靴（鞋）是由特种橡胶制成的，用于人体与地面绝缘的靴子。

(3) 绝缘胶垫是由特种橡胶制成的，用于加强工作人员对地绝缘的橡胶板。

二、一般防护安全工器具

一般防护安全工器具是指防护工作人员发生事故的工器具，如安全帽、安全带、梯子、安全绳、脚扣、防静电服（静电感应防护服）、防电弧服、导电鞋（防静电鞋）、安全自锁器、速差自控器、防护眼镜、过滤式防毒面具、正压式消防空气呼吸器、SF_6 气体检漏仪、氧量测试仪、耐酸手套、耐酸服及耐酸靴等。具体功能如下：

1. 安全帽是一种用来保护工作人员头部，使头部免受外力冲击伤害的帽子。高压近电报警安全帽是一种带有高压近电报警功能的安全帽，一般由普通安全帽和高压近电报警器组合而成。

2. 安全带是预防高处作业人员坠落伤亡的个人防护用品，由腰带、围杆带、金属配件等组成。安全绳是安全带上面的保护人体不坠落的系绳。

3. 梯子由木料、竹料、绝缘材料、铝合金等材料制作的登高作业的工具。

4. 脚扣是用钢或合金材料制作的攀登电杆的工具。

5. 防静电服是用于在有静电的场所降低人体电位、避免服装上带高电位引起的其他危害的特种服装。

6. 防电弧服是一种用绝缘和防护的隔层制成的保护穿着者身体的防护服装，用于减轻或避免电弧发生时散发出的大量热能辐射和飞溅融化物的伤害。

7. 导电鞋是由特种性能橡胶制成的，在 220 ~ 500 千伏带电杆塔上及 330 ~ 500 千伏带电设备区非带电作业时为防止静电感应电压所穿用的鞋子。

8. 速差自控器是一种装有一定长度绳索的器件，作业时可不受限制地拉出绳索，坠落时，因速度的变化可将拉出绳索的长度锁定。

9. 护目眼镜是在维护电气设备和进行检修工作时，保护工作人员不受电弧灼伤以及防止异物落入眼内的防护用具。

10. 过滤式防毒面具是用于有氧环境中使用的呼吸器。

11. 正压式消防空气呼吸器是用于无氧环境中的呼吸器。

12. SF_6 气体检漏仪是用于绝缘电器的制造以及现场维护、测量 SF_6 气体含量的专用仪器。

三、安全围栏（网）和标志牌

安全围栏（网）分为临时网状围栏、临时安全拉栏、临时安全伸缩围栏、固定护栏、施工安全围屏、密目式安全网。安全围栏（网）主要用于限制和防止在电力场所特定范围内的活动，从而达到消除、减轻安全隐患的目的。安全标志牌包括各种安全警告牌、设备标志牌等。安全标志牌的用途是警告工作人员不得接近设备的带电部分，提醒工作人员在工作地点采取安全措施，以及表明禁止向某设备合闸送电等。从用途来分，安全标志牌分为禁止、允许和警告三类，常见的8种电力安全标志牌如图3-1所示。

图3-1　常见8种电力安全标志牌

第二节　电力安全工器具的使用

一、使用标准

作业前，工作人员要根据工作需要选择合适、合格的安全工器具，使用前必须检查，确保完好无损。

使用中应严格按《电力安全工程规程》、安全工器具使用说明书及有关规定的要求正确使用、佩戴。

使用完毕及时收回，对号放入专用箱柜，摆放整齐。

安全工器具应按有关规定要求进行试验或检验，试验或检验不合格者严禁使用。

二、日常维护与使用

1. 绝缘棒

(1) 基本介绍

绝缘棒采用绝缘材料制成，一般由以下几部分组成。

1）工作部分：根据各种不同的操作目的，用金属或高强度绝缘材料制成各种形状的针、钩、环、叉等。

2）绝缘部分：采用木材、电木、纸泊管、环氧玻璃布管等绝缘材料制成。

3）握柄部分：采用同绝缘部分相同的材料制成。

4）护环部分：采用绝缘板材或聚氯乙烯、电木粉压制成环状。必须大于握柄 20～30 毫米。

5）凡雨天操作的绝缘棒须加装防雨罩。防雨罩的数量应符合国家规定。

条状绝缘棒不宜太重，以单人操作应手为宜。用以测量或试验的特殊绝缘棒，可按两人操作设计。其中一人经滑车牵引绝缘棒，另一人进行操作。绝缘棒的绝缘部分应光滑，无裂纹及硬伤。若是管状，两端必须封堵。绝缘棒的金属部分应镀锌或铬，防止锈蚀。绝缘棒的工作部分应大小适中，防止操作时相间短路。绝缘棒的各部分连接必须牢固，防止在操作过程中脱落。具有瓷质绝缘部分的绝缘棒瓷釉必须完整、无裂纹。缺釉部分不得大于 3 平方厘米，绝缘棒的结构如图 3-2 所示。

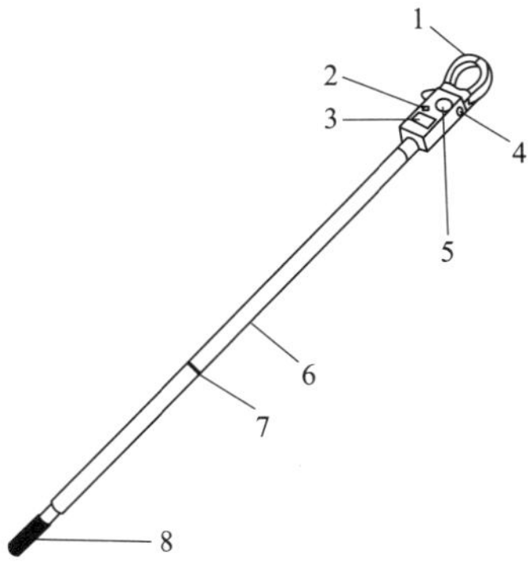

图 3-2 绝缘棒结构

1—CT 钳口 2—电源开关 3—显示窗口 4—自动保持开关 5—旋转开关 6—操作杆 7—扶手限位 8—操作把手

（2）日常维护与使用标准

绝缘棒日常维护与使用标准见表 3-1。

表 3-1　绝缘棒日常维护与使用标准

日常检查标准	使用前检查标准	正确使用方法
①绝缘棒摆放在干燥、特制的架子上或摆放在专用柜上 ②绝缘棒表面绝缘漆无损坏、脱离 ③检验合格证完好、在有效期内，电压等级清晰 ④导电部分鸭嘴卡子或平口压紧、完好 ⑤数量、组件齐全，连接牢固	①核对与所操作电气设备的电压等级相符，外观是否完好，实验期限是否过期。如发现破损、裂纹等缺陷禁止使用 ②雨天在户外使用绝缘棒时，绝缘棒应装有防雨罩，罩的上口应与绝缘部分紧密结合，无渗漏 ③绝缘棒长度满足现场操作需求	①使用绝缘棒时，人体应与带电设备保持足够的安全距离，防止绝缘棒被人体或设备短接，保持有效的绝缘长度 ②使用过程中必须防止绝缘棒与其他物体碰撞而损坏表面绝缘漆 ③绝缘棒不得直接与墙壁或地面接触，防止破坏绝缘性能

（3）绝缘棒试验

绝缘棒必须每年试验一次，每次 5 分钟。预防性耐压试验不允许出现发热、刷形放电或爆裂声及异常现象。出现以上现象之一者，应禁止使用。试验标准如表 3-2 规定。若试验室由于试验设备限制，可以分段试验，其试验电压较规定值大 20%。110 ~ 220 千伏分段不得超过四段，330 ~ 500 千伏分段不得超过六段，并且填写电气安全工器具试验报告，标贴电气试验合格证。

表 3-2　绝缘棒试验标准

电压 种类	额定电压	10 千伏及以下	35（44）千伏	110 千伏	154 千伏	220 千伏	330 千伏	500 千伏	时间（分钟）
出厂试验	干试电压	50	115	260	345	500	715		5
	湿试电压	40	90	210	275	400			5
预防试验	干试电压	44	3 倍线电压	3 倍线电压	3 倍线电压	3 倍线电压	3 倍线电压	3 倍线电压	5
	湿试电压	34	78	180	235	340			5

2. 高压验电器

（1）基本介绍

高压验电器是通过检测流过验电器对地杂散电容中的电流，检验设备、线路是否带电的装置。高压声光验电器在电力企业如发电厂、变电站中是检测电器设备是否带电的专用工具。高压验电器现场操作具备声光警示，安全可靠。电源用 4 粒 15 伏纽扣式碱性电池，寿命长。伸缩拉杆绝缘体使用方便。高压验电器结构如图 3-3 所示，高压验电器分类如图 3-4 所示。

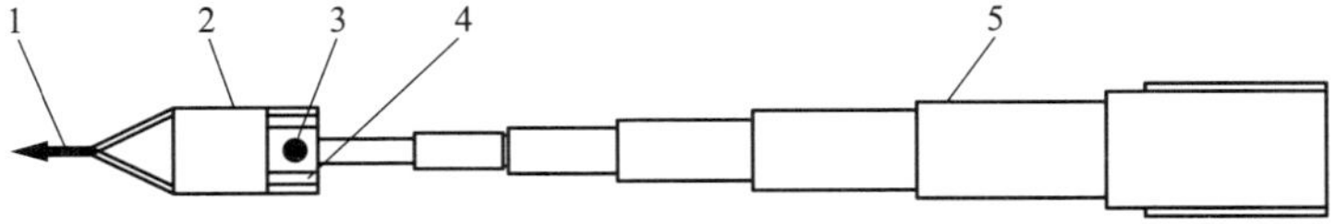

图 3-3 高压验电器结构

1—触头 2—元件及电池 3—自检按钮 4—显示灯 5—伸缩杆组成

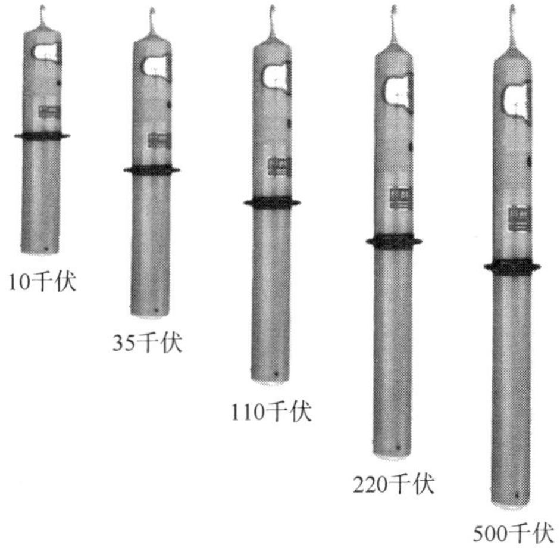

图 3-4 高压验电器分类

（2）日常维护与使用标准

高压验电器日常维护与使用标准见表 3-3。

表 3-3　高压验电器日常维护与使用标准

日常检查标准	使用前检查标准	正确使用方法
①外观检查完好，无污垢、损伤、裂纹，手动检验声光显示完好，数量齐全 ②检验合格证在有效期内，电压等级清晰 ③抽拉式绝缘棒能完全拉开	①电容型验电器上应标有电压等级、制造厂和出厂编号。使用前必须核准是否与被检验电气设备或线路的电压等级一致，外观是否完好，绝缘部分无污垢、损伤、裂纹，手动检验声光显示应完好，试验期限应符合规定 ②绝缘棒长度满足现场操作 ③在带电设备上试验声光显示完好	验电时工作人员必须戴绝缘手套，手握在护环下侧握柄部分，先将验电器在带电设备上进行试验，确认验电器良好后再对被验设备进行验电。使用电压等级对应完好的验电器

在使用高压验电器进行验电时，首先必须认真执行操作监护制，一人操作，一人监护。操作者在前，监护人在后。使用验电器时，必须注意其额定电压要和被测电气设备的电压等级相适应，否则可能会危及操作人员的人身安全或造成错误判断。验电操作前应对验电器进行自检。验电时，操作人员一定要戴绝缘手套，穿绝缘靴，防止跨步电压或接触电压对人体的伤害。操作者应手握罩护环以下的握手部分，先在带电设备上进行检验。检验时，应渐渐地移近带电设备直至发光或发声为止，以验证验电器的完好性，然后在需要验电的设备上进行检测。

（3）注意事项

1）对线路的验电应逐相进行，对联络用的断路器、隔离开关或其他检修设备验电时，应在其进、出线两侧各相分别验电。

2）对同杆塔架设的多层电力线路进行验电时，先验低压、后验高压；先验下层、后验上层。

3）在电容器组上验电时，应待其放电完毕后再进行。

4）验电时让高压验电器顶端的金属工作触头逐渐靠近带电部分，至氖灯发光或发出音响报警信号为止，不可直接接触电气设备的带电部分。高压验电器不应受邻近带电体的影响，导致发出错误信号。

5）验电时人体与带电体应保持足够的安全距离，10千伏以下的电压安全距离应为0.7米以上。

6）验电完毕，应立即进行接地操作。验电后因故中断未及时进行接地的，若需要继续操作必须重新验电。

7）高压验电器在保管和运输中不能强烈震动或冲击，不准擅自调整、拆装，不能在有雨雪等影响绝缘性能的环境中使用。不能把高压验电器放在露天烈日下暴晒，应保存在干燥通风处。不能用带腐蚀性的化学溶剂和洗涤剂进行擦拭或接触。

8）要按规定定期校验，超过有效期的高压验电器不能使用。

3. 绝缘手套

（1）基本介绍

绝缘手套又叫耐高温手套、高压绝缘手套，是用天然橡胶制成，经压片、模压、硫化或浸模成型的五指手套，主要用于电工作业。

（2）日常维护与使用标准

绝缘手套日常维护与使用标准见表3-4。

表3-4 绝缘手套日常维护与使用标准

日常检查标准	使用前检查标准	正确使用方法
①存放在干燥阴凉的专用柜内或倒置在指形架上，数量齐全，上面不得堆压任何物件，也不得与石油类油脂接触 ②检验合格证完好、在有效期内 ③外观检查，无裂纹、气泡、破漏、划痕、污垢	绝缘手套使用前先进行外观检查，不得有裂纹、气泡、破漏、划痕等缺陷，然后将手套筒吹气压紧筒边朝手指方向卷曲卷到一定程度，若手指鼓起证明无破漏。如有漏气、裂纹禁止使用	①使用绝缘手套，外衣袖口应塞在绝缘手套筒身内。使用完毕应擦净晾干，可在绝缘手套内撒一些滑石粉以免黏连 ②进行设备验电、倒闸操作、装拆接地线等工作应戴绝缘手套

4. 绝缘靴

（1）基本介绍

绝缘靴又叫高压绝缘靴、矿山靴，是指用绝缘材料把带电体封闭起来，借以隔离带电体或不同电位的导体，使电流能按一定的通路流通。良好的绝缘是保证设备和线路正常运行的必要条件，也是防止触电事故的重要措施。绝缘材料往往还起着其他作用，如散热冷却、机械支撑和固定、储能、灭弧、防潮、防霉以及保护导体等。

（2）日常维护与使用标准

绝缘靴日常维护与使用标准见表3-5。

表3-5 绝缘靴日常维护与使用标准

日常检查标准	使用前检查标准	正确使用方法
①存放在干燥阴凉的专用柜内或架上，数量齐全，上面不得堆压任何物件，也不得与石油类油脂接触 ②检验合格证完好、在有效期内 ③外观检查，表面无损伤、磨损、裂纹、破漏划痕或污垢，绝缘鞋底纹路清晰，未露出黄色绝缘层	表面无损伤、磨损、裂纹、破漏划痕或污垢，绝缘靴底纹路清晰	使用时避免接触尖锐物体、高温和腐蚀性物质，防止受到损伤。绝缘靴严禁挪作他用

5. 接地线

（1）基本介绍

1）接地线作用：高压接地线是用于线路和变电施工，为防止临近带电体产生静电感应触电或误合闸时保证安全之用。

2）接地线结构：携带型高压接地线由绝缘操作杆、导线夹、短路线、接地线、接地端子、汇流夹、接地夹。

3）接地线制作工艺：导线夹、接地夹是采用优质铝合金压铸成形；操作棒采用环氧树脂彩色管制成，绝缘性能好、强度高、重量轻、色彩鲜明、外表光滑；接地软铜线采用多股优质软铜线绞合而成，并外覆柔软、耐高温的透明绝缘护层，可以防止使用中对接地铜线的磨损，铜线达到疲劳度测试需求，确保作业人员在操作中的安全。

（2）日常维护与使用标准

接地线日常维护与使用标准见表3-6。

表 3-6 接地线日常维护与使用标准

日常检查标准	使用前检查标准	正确使用方法
①接地线存放整齐，放置位置应按编号对号入座；短路接地线绝缘防护层无破损、导线裸露 ②夹头和铜线、接地桩连接牢固，螺钉齐全；编号牌清晰、牢固 ③数量齐全	①使用接地线前必须进行外观检查，接地线应完好，夹头和铜线连接应牢固。如发现绞线松股、断股、护套严重破损、夹具断裂松动等不得使用 ②夹头和铜线、接地桩连接牢固；编号牌清晰、牢固 ③接地线跨度满足现场	①装设接地线前必须先经验电，确证无电后由一人监护另一人操作，操作人员必须戴上绝缘手套并使用绝缘棒操作，严禁用抛挂的方式装设接地线 ②装设时先接接地端，后接导体端，拆除时顺序与此相反 ③接地线夹头必须夹紧，以防短路电流较大时因接触不良熔断或因电动力作用而脱落。严禁用缠绕办法短路或接地 ④接地线与检修部分之间不得连有断路器（开关）或熔断器（保险），以防工作过程中断开而失去接地作用 ⑤接地线应规范编号使用，并注明电压等级。接地线编号及装设位置应记入操作票和工作票中，避免误拆、漏拆接地线造成事故

6. 防毒面具

防毒面具作为个人防护器材，用于对人员的呼吸器官、眼睛及面部皮肤提供有效防护。面具由面罩、导气管和滤毒罐组成，面罩可直接与滤毒罐或滤毒盒连接使用，称为直连式；或者用导气管与滤毒罐和滤毒盒连接使用，称为导管式。防毒面罩可以根据防护要求分别选用各种型号的滤毒罐，应用在化工、仓库、科研等各种有毒、有害的作业环境。防毒面具日常维护与使用标准表见表 3-7。

表 3-7　防毒面具日常维护与使用标准表

日常检查标准	使用前检查标准	正确使用方法
①过滤式防毒面具密合框胶条完好，头罩胶带齐全、完好；数量齐全 ②过滤剂有效	使用前应检查面具的完整性和气密性，面罩密合框应与佩戴者颜面密合，无明显压痛感	使用者应根据其面型尺寸选配适宜的面罩，使用中应注意有无泄漏和滤毒罐失效。防毒面具的过滤剂有一定的使用时间，一般为 30 ~ 100 分钟。过滤剂失去过滤作用（面具有特殊气味）时，应及时更换

7. 正压式空气呼吸器

（1）基本介绍

正压式空气呼吸器是一种自给开放式空气呼吸器，广泛应用于消防、化工、船舶、石油、冶炼、仓库、试验室、矿山等部门，供消防员或抢险救护人员在浓烟、毒气、蒸汽或缺氧等各种环境下安全有效地进行灭火、抢险救灾和救护工作。该系列产品配有视野广阔、明亮、气密良好的全面罩，供气装置配有体积较小、重量轻、性能稳定的新型供气阀；选用高强度背板和安全系数较高的优质高压气瓶；减压阀装置装有残气报警器，在规定的气瓶压力范围内，可向佩戴者发出声响信号，提醒使用人员及时撤离现场。

（2）日常维护与使用标准

正压式空气呼吸器日常维护与使用标准见表 3-8。

（3）正压式空气呼吸器使用步骤

1）检查气瓶表面是否有严重损伤，检查背板是否有裂痕，背带是否有划伤、压力计有无破损。

2）检查面罩清晰度以及面罩是否已有缺损，特别是侧缘面屏、阀门和束带部分。

3）检查气瓶压力。正常压力不低于 28 兆帕，闭气瓶开关，观察压力表的读数，在 1 分钟内，压力下降不大于 2 兆帕，表明供气系统气密良好。

4）检查报警装置。泄压并检查报警是否正常。轻轻按动供气阀，观察压力值变化，当压力降至 5 ~ 6 兆帕时，警报器发出声响。

表 3-8 正压式空气呼吸器日常维护与使用标准

日常检查标准	使用前检查标准	正确使用方法
①外观检查：器材的卫生、各部件完好情况 ②气瓶压力检查：打开气瓶阀观看压力表，空气呼吸器备用压力应在20兆帕以上 ③气密性检查：打开气瓶阀（不连接供气阀），当压力表指针显示压力后关闭气瓶阀，观察压力表的读数，在5分钟时间内，压力下降不大于2兆帕，表明供气管系高压气密完好 ④报警器检查：打开气瓶阀（不连接供气阀），当压力表指针显示压力后关闭气瓶阀，轻轻按动供气阀黄色按钮，观察压力表指示值的变化，当压力下降至5±0.5兆帕时，残气警报器发出气笛报警声	①数量齐全、组件完整，面罩密合框胶条完好，头罩胶带齐全、完好 ②气瓶定位 ③检查气瓶是否处于关闭状态 ④当使用单瓶时将气瓶放入背架的中部凹槽，把减压阀的手轮完全旋紧，使用双瓶时将气瓶放入背架的底部的凹槽 ⑤使用前必须检查气瓶束带是否有松动，必须扣紧 ⑥使用前的快速检查气瓶内压缩空气的压力（30兆帕的瓶在20摄氏度时应显示30兆帕）	①一只手托住面罩将面罩口鼻罩与脸部贴合，另一只手将头带后拉罩住头部，收紧头带 ②检测面罩的气密性：若感到无法呼吸且面具充分贴合说明密封良好 ③将供气阀推进面罩供气口，听到”咔嗒”声，同时快速接口的两侧按钮同时复归即可 ④背上整套装置，双手扣住身体两侧的肩带D型环，身体前倾，向后下方拉经D型环知道肩带及背架与身体充分贴合

5）两手抓紧呼吸器肩带，类似于穿衣般依次穿好呼吸器肩带。

6）双手系紧腰带。

7）固定好压力表附件和供气阀。

8）将面罩长系带套在脖子上，使其置于胸前，以便佩戴。

9）自下而上戴起面罩，用手调节头部束带，使面部与面罩紧密贴合。

10）进行气密检查。用掌心堵住面罩的接口，使面罩紧贴面部，如果在10秒钟之内操作人员感到气憋，说明面罩的气密性良好。

11）将面罩接口与供气阀正确连接

12）打开呼吸器气瓶阀，一切正常即可进入工作区域。

8. 安全带

（1）基本介绍

安全带是防止高处作业人员发生坠落或发生坠落后将作业人员安全悬挂的个体防护装备，由带子、绳子和金属配件组成。根据操作、穿戴类型的不同，可以分为全身安全带及半身安全带：全身安全带即安全带包裹全身，配备了腰、胸、背多个悬挂点。它一般可以拆卸为一个半身安全带及一个胸式安全带。全身安全带最大的应用是能够使救援人员采取“头朝下”的方式作业而无须考虑安全带滑脱。如在深井类救援中，需要救援人员“头朝下”深入并靠近被困人员。半身安全带即安全带仅包裹半身（一般是下半身，但也有如胸式安全带等用于上半身的保护）。它的使用范围相对全身安全带而言较窄，一般用于“坐席悬垂”。在采购和使用安全带时，应该检查安全带的部件是否完整，有无损伤，金属配件的各种环不得是焊接件，边缘光滑，产品上应有安监证。需要注意的是，悬挂安全带不得低挂高用，这是因为低挂高用在坠落时受到的冲击力大，对人体伤害也大。使用安全绳时，不允许打结，以免发生坠落受冲击时将绳从结处切断。当单独使用3米以上长绳时，应考虑补充措施，如在绳上加缓冲器、自锁钩或速差式自控器等。缓冲器、自锁钩或速差式自控器可以单独使用，也可以联合使用。

（2）日常维护与使用标准

安全带日常维护与使用标准见表3-9。

表3-9　安全带日常维护与使用标准

日常检查标准	使用前检查标准	正确使用方法
①存放在干燥阴凉的专用柜内或架上 ②检验合格证完好、在有效期内	使用前应作外观检查，挂钩的钓舌咬口平整不错位，保险装置完整可靠，绳索、组件等完好无损，发现变质破损及金属配件有断裂者严禁使用	①安全带应系在牢固的物体上，禁止系挂在移动或不牢固的物件上，不得系在棱角锋利处和接触化学药品 ②安全带要高挂和平行拴挂，禁止低挂高用。人和挂钩保持绳长的距离，并应将活梁卡子系紧。保险带、绳使用长度超过3米的安全带，应配缓冲器使用

（3）全身安全带使用步骤

1）安全带要存放在干燥阴凉的专用柜内或架上。

2）安全带使用前进行外观检查。

3）将安全带举到面前，背带朝上。

4）像穿夹克一样穿上安全带，将其贴紧肩膀。

5）调整胸部安全带扣。

6）扣上胸部安全带扣。

7）把腿带套在腿上，以便接到位于每一侧的扣环中，确保腿带没有交叉。

8）拉紧或松开吊带末端，以调整腿带。

9）将两条腿带系好，且将带扣扣牢。

10）将安全绳置于前胸固定好，防止其随意摆动。

11）将安全绳扣于腰部金属扣处。

12）调整安全带后，检查确定其没有扭曲或交叉后即可开始工作。

9. 绝缘夹钳

（1）基本介绍

绝缘夹钳是用来安装和拆卸高压熔断器或执行其他类似工作的工具，主要用于 35 千伏及以下电力系统。绝缘夹钳由工作钳口、绝缘部分和握手三部分组成。各部分都用绝缘材料制成，所用材料与绝缘棒相同，只是工作部分是一个坚固的夹钳，并有一个或两个管型的开口，用以夹紧熔断器。

（2）日常维护与使用标准

绝缘夹钳日常维护与使用标准见表 3-10。

10. 安全帽

（1）基本介绍

安全帽是防止冲击物伤害头部的防护用品，由帽壳、帽衬、下颏带和后箍组成。帽壳呈半球形，坚固、光滑并有一定弹性，打击物的冲击和穿刺动能主要由帽壳承受。帽壳和帽衬之间留有一定空间，可缓冲、分散瞬时冲击力，从而避免或减轻对头部的直接伤害。冲击吸性性能、耐穿刺性能、侧向刚性、电绝缘性、阻燃性是对安全帽的基本技术性能的要求。

表 3-10　绝缘夹钳日常维护与使用标准

日常检查标准	使用前检查标准	正确使用方法
①绝缘夹钳摆放在干燥、特制的架子上或摆放在专用柜上，数量齐全 ②绝缘棒表面绝缘漆无损坏、脱离；组件齐全、完好，夹紧有效 ③抽拉式绝缘棒能完全拉开	①绝缘夹钳只允许在35千伏及以下的电气设备上使用 ②外观检查完好 ③在带点设备上试验声光显示完好	①使用时应戴护目镜、绝缘手套，穿绝缘靴（鞋）或站在绝缘台垫上，精神集中，保持身体平衡，握紧绝缘夹钳不使其滑脱落下 ②潮湿天气或雨天户外禁止使用绝缘夹钳 ③严禁在绝缘夹钳上装接地线，以免接地线在空中摆动触碰带电部分造成接地短路或人身触电事故

（2）日常维护与使用标准

安全帽日常维护与使用标准见表 3-11。

表 3-11　安全帽日常维护与使用标准

日常检查标准	使用前检查标准	正确使用方法
存放在固定的放置地点，整齐、清洁、完整，数量齐全	使用前应进行外观检查，衬带和帽衬完好，并能起到防护作用	任何人进入生产现场（办公室、会议室、控制室、值班室和检修班组室除外），必须正确佩戴安全帽，帽带适度系紧

11. 标志牌

安全标志牌是以红色、黄色、蓝色、绿色为主要颜色，辅以边框、图形符号或文字构成的标志，用于表达与安全有关的信息。

标志牌日常维护与使用标准见表 3-12。

表 3-12　标志牌日常维护与使用标准

日常检查标准	使用前检查标准	正确使用方法
标志牌分类放置、摆放整齐	表面清洁、字迹清晰	标志牌的悬挂拆除应按要求进行，不得随意移动和遮挡

12. 绝缘梯

绝缘梯采用高温聚合拉挤制造工艺，选用环氧树脂结合销棒技术制作而成。铝合金材料制件做了表面阳极氧化处理，轴类钢制件表面有防护镀层，绝缘层压类材料制件加工表面使用了绝缘漆进行处理。梯撑、梯脚防滑设计不易疲劳，梯各部件外形无尖锐棱角，安全程度高，绝缘性能强；吸水力低，耐腐蚀。

绝缘梯日常维护与使用标准见表3-13。

表3-13 绝缘梯日常维护与使用标准

日常检查标准	使用前检查标准	正确使用方法
①梯子标志清晰（高度、荷重），固定脚胶套或胶垫完好。绝缘梯应具有优良的电气绝缘性能和较强的机械性能、耐腐蚀、防触电、防感应电、防误碰短路、防潮防湿，并至少能承受工作人员携带工具攀登时的总重量 ②人字梯铰接和限制开度的拉链坚固、完好 ③升降梯逆止卡扣、固定绳坚固、完好	①荷重及高度选择适当 ②到现场放置稳固进行试登，确认可靠后方可使用	①梯子与地面的斜角度为65°左右，工作人员必须登在距梯顶不少于2挡的梯蹬上工作，有人在梯子上工作时应有人扶梯和监护，必要时还应进行绑固，不准以骑马方式在人字梯上作业 ②在变电站高压设备区或高压室内必须使用绝缘材料制作的梯子，禁止使用金属梯子。搬动梯子时，应放倒两人搬运，并与带电部分保持安全距离

13. 安全围栏

安全围栏可以分为软质围网和硬质围栏，围网分为普通的丙纶高强丝网和聚酯围网。

安全围栏日常维护与使用标准见表3-14。

表3-14 安全围栏日常维护与使用标准

日常检查标准	使用前检查标准	正确使用方法
数量齐全，完好，保存在专用柜内或架上	网、绳完好，根据区域正确选择长度适合的围栏网	一张安全网不够大时可以拼接，按照“唯一道道”的原则设置安全网阶，设置高度控制在1.5～1.8米之间

14. 护目镜

所谓防护眼镜就是一种滤光镜，可以改变透过的光强和光谱。

避免辐射光对眼睛造成伤害，最有效和最常用的方法是戴防护眼镜。这种眼镜可以吸收某些波长的光线，而让其他波长光线透过，所以都呈现一定的颜色，所呈现颜色为透过光颜色。

护目镜日常维护与使用标准见表3-15。

表3-15　护目镜日常维护与使用标准

日常检查标准	使用前检查标准	正确使用方法
①护目镜应存放在专用的镜盒内，并放入专门工具柜内 ②护目镜镜面清洁，完好，数量齐全	护目镜镜面清洁，完好	装拆高压熔断设备、直流熔断设备应正确佩戴护目镜

第三节　电力系统灭火设施与器材

一、灭火器

灭火器是扑救初起火灾最实用、最有效的灭火器具。选择灭火器除应根据灭火器配置场所的火灾种类外，还要考虑灭火有效程度、对保护物品的无损程度、设置点的环境温度、使用灭火器的人员素质等因素。灭火器的种类很多，其用途也分很多种，盲目地选择灭火器有时候非但不能灭火，还可能起到反作用。下面就介绍灭火器的分类、几种常用灭火器原理、使用范围、使用方法及注意事项。

1. 灭火器的分类

按移动方式分为手提式和推车式；按驱动灭火剂的动力来源分为储气罐式、储压式和化学反应式；按所充装的灭火剂分为泡沫、干粉、二氧化碳、酸碱和清水。

2. 灭火器的原理及使用范围

灭火器的原理及使用范围见表3-16。

3. 使用方法

（1）干粉灭火器

干粉灭火器的使用方法如图3-5所示。使用方法：①去掉铅封；②拔掉保险销；③左手握着喷管，右手提着压把；④对着火焰根部喷射，并不断推前直至把火焰扑灭。

表 3-16 灭火器的原理及使用范围

器具名称	灭火原理	适用范围
干粉灭火器	用干燥的二氧化碳或氮气作动力，将干粉从容器中喷出，形成粉雾喷射到燃烧区，以粉气流的形式扑灭火灾	扑救各种易燃、可燃液体和易燃、可燃气体火灾，以及电气设备火灾
泡沫灭火器	灭火时，能喷射出大量二氯化碳及泡沫，它们能黏附在可燃物上，使可燃物与空气隔绝，达到灭火的目的	扑救各种油类火灾、木材、纤维、橡胶等固体可燃物火灾
二氧化碳灭火器	灭火时，将液态二氧化碳喷出，有降温和隔绝空气的作用，灭火后不留痕迹	各种易燃、可燃液体、可燃气体火灾，还可扑救仪器仪表、图书档案、工艺器和低压电气设备等的初起火灾

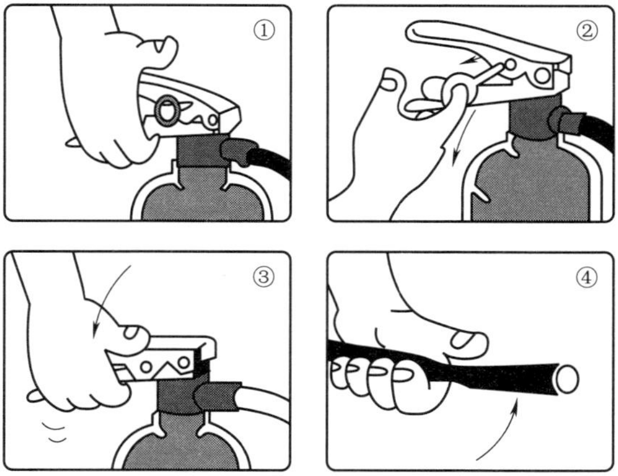

图 3-5 干粉灭火器使用方法

注意事项如下：

1）选用与着火物质相适应的干粉灭火器。

2）喷射前最好将灭火器上下颠倒几次，使筒内干粉松动，但喷射不能倒置。

3）动压把或拉动提环前一定要去掉保险装置。

4）用带喷射软管的灭火器（4 千克以上）时，喷射前一定要一只手握住喷管的喷嘴或喷枪后，另一只手再打开释放阀。

5）灭火时要站在上风，开始时离火 1 ~2 米；干粉灭火器存放时不能靠近热源或日晒，注意防潮，定期检查驱动气体是否合格。

6）不要扑救电压超过 5 000 伏的带电物体火灾。

7）不宜用于精密电气设备的火灾。

（2）泡沫灭火器

泡沫灭火器的使用方法：①右手捂住喷嘴，左手执筒底边缘；②倒置灭火器，上下晃动几下，然后放开喷嘴；③右手抓住上部，左手抓住下部，把喷嘴朝向燃烧区，站在离火源 8 米的地方喷射，并不断推进，直至把火焰扑灭。

注意事项如下：

1）泡沫灭火器使用温度范围一般为 4 ~55 摄氏度，冬季注意防冻。

2）化学泡沫灭火器灭火时需倒置，其他水型和泡沫型灭火器不得倒置喷射。

3）泡沫灭火器的灭火剂使用年限不同，注意按灭火器说明定期检查更换灭火剂。

4）沫灭火器不能扑救带电物体的火灾。

5）不宜用于电气设备和精密金属制品的火灾。

（3）二氧化碳灭火器

二氧化碳灭火器使用方法与干粉灭火器的使用方法相同，注意事项如下：

1）灭火器在露天有风时灭火效果不佳。

2）喷射前应先拔掉保险装置再按下压把。

3）二氧化碳灭火器有效喷射距离较小，灭火时离火源不能过远。

4）喷射时手不要接触金属部分，以防冻伤，一般 2 米左右较好。

5）在较小的密闭空间或地下坑道喷射后，人要立即撤出，以防窒息。

6）灭火器存放时严禁靠近热源或日晒，定期检查，防止二氧化碳气体泄漏。

（4）推车式干粉灭火器

推车式干粉灭火器的结构类型、适用范围、维护保养等项与相应的手提式灭火器基本相似，从外形看，仅拖轮及拖架是附加的，以便于移动。推车式干粉灭火器的操作一般应由两人完成：一人操作喷枪接近火源扑灭火灾，另一人负责开启灭火器阀门并负责移动灭火器。使用前主要检查压力表，压力指针低于0.8兆帕时（指针已降到红色区域），应及时报相应部门回收，送维修单位充装维修。

二、消火栓

消火栓是连接消防供水系统的阀门装置，分室内消火栓和室外消火栓两种。消火栓的安装应符合国家的有关规定。为防止消火栓锈蚀，每月应对消火栓进行一次放水及水压试验。

三、水龙带

水龙带是连接消防泵（消火栓）和水枪等喷射装置的输水管线。常用的水龙带有内扣式和压簧式两种。水龙带平时应卷好存放在通风、阴凉、干燥处，取用方便，环境温度在－10～45摄氏度，防止腐烂。使用后，应铺平晒干后，卷好存放。

四、消防水枪

消防水枪是一种增强水流速度、射程和改变水流方向的消防灭火工具。根据水枪喷射的不同水流，分为直流水枪、开花水枪、喷雾水枪和开花直流水枪等。

消防水枪的作用：①直流水枪是用来喷射密集充实水流的水枪。②开花水枪是用来喷射密集充实水流的水枪。它还可以根据灭火的需要喷射开花水，用来冷却容器外壁，阻隔辐射热，掩护灭火人员靠近着火点。③喷雾水枪是在直流的枪口上安装一只双级离心喷雾头，使水流在离心力作用下，将压力水变成水雾。喷雾水枪喷出的雾状水流，适用于扑救油类火灾及浸油变压器、多油式断路器等电气设备火灾。④开花直流水枪是一种可以喷射充实水流，也可以喷射伞形开花水流的水枪。

第四节　电力系统的防火与灭火

一、一般防火措施

电力生产企业必须按国家、部或本企业颁发、制定的有关安全生产的规程、制度执行，并加强生产设备的运行维护、检修管理和工作人员培训活动。凡新建、扩建和改建工程或项目的设计、施工应符合国家和部颁有关消防规定的要求，并经消防验收合格后方可投入生产。凡装潢的会议室、办公室及公共娱乐场所应符合有关消防规定，经消防部门批准后方可施工使用。发电厂、110 千伏及以上变电所场地的重要道路应建成环形，并应有道路及主要建筑物与消防队连通。厂区内的道路应经常保持畅通。电力生产企业的建筑物、构筑物，其耐火等级、防火间距和安全出口等应符合现行的国家标准《建筑设计防火规范》（2018 年版）（GB 50016—2014）的规定和要求。生产设备或场所应配备必要的消防设施，并根据需要配备合格的呼吸保护器。现场消防设施任何人不得以任何理由和借口移作他用。防火重点部位或场所应按国家、部颁有关规定装设火灾自动报警装置或固定灭火装置，并符合设计技术规定。一切重点防火部位禁止烟火，入口处应有明显标志，其他生产现场禁止吸烟。工作间断或结束时应清理和检查现场，消除火险隐患。现场如使用电炉及加热器，必须经公司主管领导或有关部门批准，并加强管理。各类充油、储油设备不应渗、漏油。油管道连接应牢固严密，严禁使用塑料垫和橡胶垫。在高温附近的法兰盘或接头处，应装金属壳保护。热管道保温层应完整，当油渗入保温层时应及时更换处理。油管道附近的高温管道应包铁皮。油管应尽量不布置在高温蒸汽管道上方。排水沟、电缆沟、各类管沟等坑内不应有积油。电缆沟内不应有积水，防止电缆浸泡在水中。生产现场严禁存放易燃易爆物品。生产现场严禁存放超过规定数量的工作用油（一般工作用煤油不得超过10千克）。生产现场需要使用的油类应盛放在金属密闭的容器内，并存放在可关闭的金属柜、箱内。不得用汽油洗刷机件和设备。不得用汽油、煤油洗手。各类废油应倒入指定的容器内，严禁随意倾倒。生产现场应配备有带盖的铁箱，以便放置擦拭材料，用过的擦拭材料应另放在废纱箱内，每天定期消除。严禁乱扔油棉纱、包布等擦拭材料。生产现场各类制粉设备不应漏煤粉。对热管道、电缆及煤粉仓上部等部位的积粉应制定清扫周期，指定专人及时清扫。在高温设备、管道附近以及动火作业时间长且火灾危险性大的部位或场所宜搭建金属脚手架，搭建竹、木脚手架时必须采取切实有效的防火措施，工作结束后及时拆除。

二、一般灭火措施

现场发现火灾，当值值长必须立即组织人员扑救并拨打“119”，同时通知消防队和有关部门领导，设有固定灭火装置的单位及部位和场所的，应立即进行灭火。

火灾报警：①火灾地点（具体部位、场所及设备名称）；②火势情况（初起、发展、猛烈等阶段）；③燃烧物和大约数量；④报警人姓名及电话号码。

电气设备发生火灾时（包括电缆火灾），应首先报告当值值长，并立即将起火设备的电源切断，采取紧急隔停措施，避免设备进一步损坏。电气设备在进行灭火时，仅准许在熟悉该设备系统带电部分人员的指挥或带领下进行灭火，其他灭火人员在停电状态下才准许灭火。参加灭火的人员在灭火时，应防止被火烧伤或吸入燃烧物所产生的气体引起中毒、窒息，还应防止引起爆炸。电气设备上灭火时还应防止触电，避免灭火人员伤亡。消防队未到达火灾现场前，临时灭火指挥人应由下列人员担任：①运行设备火灾由当值值长（单元长、班长）担任；②其他设备火灾时由现场负责人担任。

临时灭火指挥人应佩戴明显标志，统一指挥现场灭火工作。公司各级领导、防火责任人、后勤管理部人员、安监部门负责人在接到火灾报警后，必须立即奔赴火灾现场，组织灭火并做好火场的保卫工作。消防队到达火场时，临时灭火指挥人应立即与消防队负责人取得联系并交代失火设备现状和运行设备状况，然后协助消防负责人指挥灭火。生产设备火灾扑灭后必须保持火灾现场。全公司所有人员应熟悉常用灭火器材及本部门、本部位配置的各种灭火设施性能、布置和适用范围，并会使用。

消防设施的维护、检查、测试的周期、项目、方法以及使用方法和注意事项应符合生产厂的规定和要求，对移动式灭火器每半年检查一次，合格的贴合格证，失效的进行维修。消防设施放置或装设地点的环境条件必须符合要求，若不符合要求时，应采取相应的防冻、防潮或防高温措施。电气设备发生火灾时，禁止使用能导电的灭火器进行灭火。旋转电机发生火灾时，禁止使用干粉灭火器和干砂直接进行灭火。在水喷雾情况下，允许对发电机、变压器、油断路器及电缆设施用水灭火。

三、电力系统的防火与灭火

额定容量为 10 兆瓦及以上空冷发电机、水轮发电机应设水喷雾等固定式灭火装置。新建或扩建的单机容量为 200 兆瓦及以上的发电机的消防设施应能满足火灾初期发出警报，能进行火灾的集中监视及消防装置的远方和现场启动。水轮发电机的采暖取风口和补充空气的进口处应设置阻风门（防火阀），当发电机着火时应自动关闭。当发电机失火时，为了迅速限制火势发展，应迅速与系统解列，并立即用固定的灭火装置灭火。如果没有固定的灭火装置或灭火装置发生故障而不能使用时，应利用一切灭火设备来及时灭火，但不得用泡沫灭火器或用干砂灭火。当地面上有油类着火时，可使用干砂灭火，但注意不使干砂落到发电机或励磁机的轴承上。电动机的外围与建筑物或其他设备之间应留出净距不小于 1 米的通道。电动机与墙壁之间或成列装设的电动机，当一侧已有通道时，则另一侧的净距可不小于 0. 3 米。电动机与低压配电设备的裸露带电部分的距离不得小于 1 米。当运行中的电动机发生燃烧时，应立即将电动机电源切断，并尽可能把电动机出入通风口关闭，然后才可用二氧化碳进行灭火，禁止使用泡沫灭火器及干砂灭火。无二氧化碳时，可用消火栓连接喷雾水枪灭火。

变压器容量在120兆伏安及以上时，宜设固定水喷雾灭火装置，缺水地区的变电所及一般变电所宜用固定的二氧化碳或排油充氮灭火装置。新建、扩建或改建的单机容量为200兆瓦及以上的发电厂，其主变压器和厂用高压变压器均应装设固定水喷雾灭火装置。水喷雾灭火装置应定期进行试验，使装置处于良好状态。油量为2 500千克及以上的室外变压器之间，如无防火墙，则防火距离不应小于下列规定：35千伏及以下为5米；63千伏为6米；110千伏为8米；220～500千伏为10米。油量在2 500千克及以上的变压器与油量在600千克及以上的充油电气设备之间，其防火距离不应小于5米。若防火距离不能满足相应的规定时，应设置防火隔墙。防火隔墙应符合以下基本要求：①防火隔墙高度宜高于变压器油枕顶端0.3米，宽度大于储油坑两侧各0.6米。防火隔墙高度与宽度，应考虑变压器火灾时对周围建筑物损坏的影响。②防火隔墙与变压器散热器外缘之间必须有不少于1米的散热空间。③防火隔墙应达到国家一级耐火等级。室外单台油量在1 000千克以上的变压器及其他油浸式电气设备，应设置储油坑及排油设施；室内单台设备总油量在100千克以上的变压器及其他油浸式电气设备，应在距散热器或外壳1米周围砌防火堤，以防止油品外溢。储油坑容积应按容纳100%设备油量或20%设备油量确定。当按20%设备油量设置储油坑，坑底应设有排油管，将事故油排入事故储油坑内。排油管内径不应小于100毫米，事故时应能迅速将油排出，管口应加装铁栅滤网。储油坑内应设有净距不大于40毫米的栅格，栅格上部铺设卵石，其厚度不小于250毫米，卵石粒径应为50～80毫米。当设置总事故油坑时，其容积应按最大一台充油电气设备的全部油量确定。当装设固定水喷雾灭火装置时，总事故油坑的容积还应考虑水喷雾水量而留有一定裕度。应定期检查和清理储油坑卵石层，以防被淤泥、灰渣及积土所堵塞。变压器防爆筒的出口端应向下，并防止产生阻力，防爆膜宜采用脆性材料。室内的油浸变压器宜设置事故排烟或消烟设施。发生火灾时，送风系统应停用。室内（或洞内）变压器的顶部不宜敷设电缆。高层建筑内的电力变压器、消弧线圈等设备，应布置在专用的房间内，外墙开门处上方应设置防火挑檐，挑檐的宽度不应小于1米，而长度为门的宽度两侧各加0.5米。室外变电站和有隔离油源设施的室内油浸设备失火时，可用水灭火；无放油管路时，则不应用水灭火。发电机变压器组中间无断路器，若失火，在发电机未停止惰走时，严禁人员靠近变压器灭火。互感器如发生故障停用时，应先停电后切除故障互感器，不宜直接去拉开故障互感器。

电力系统中电力电缆发生火灾的原因有：①绝缘层受损坏，导致电缆绝缘击穿或相间短路而产生电弧，使绝缘层燃烧起火；②受到外界的火源和热源影响，引起电缆着火。防止电缆火灾延燃的措施有：封、堵、涂、隔、包、水喷雾和其他。凡穿越墙壁、楼板、电缆沟道、夹层、竖井和架空电缆而进入控制室、控制柜及仪表盘、爱护盘等处的电缆孔洞和进入油区电缆入口处必须用防火堵料严密封堵。电缆沿肯定长度可涂刷耐火涂料或建阻火墙、防火门等防火措施。靠近充油设备的电缆沟，应设有阻火墙等防火阻燃措施，盖板应封堵。如需在已完成电缆防火措施的电缆层上新铺设电缆，必须在使用完后准时地补做相应的防火措施。涂料、堵料必须经国家技术鉴定合格，并由公安部门颁发的生产许可证的工厂生产，其产品应是适用于电缆的不燃或难燃材料，并符合标准规定的耐火时间。在涂刷时要留意稀释液的防火。严禁将电缆直接入置在蒸汽管道上，架空敷设电缆时，电缆与蒸汽净距应不小于1米（电力电缆）和0.5米（控制电缆），与油管道的净距应尽可能增大。电缆夹层、隧道、竖井、电缆沟内应保持干净，不得堆放杂物，电缆沟内严禁积油。汽机机头四周、锅炉灰渣孔、防爆门以及磨煤机冷风门的泄压喷口，不得正对着电缆，否则必须实行加装罩盖或封闭式槽盒的防火措施。在多个电缆头并排安装的场合中，应在电缆头之间的加隔板或填充阻燃材料。电缆中间接头盒的两侧及其邻近区域，应增加防火包带、涂料涂刷等阻燃措施。杜绝施工中动力电缆与控制电缆混放，电缆分部不均甚至积累乱放。在动力电缆与控制电缆之间，应设置层间耐火隔板。汽机锅炉房，输煤系统宜使用铠甲电缆或阻燃电缆，不适用一般塑料电缆。电力电缆火灾扑救方法有：①电缆着火时，不管何种状况，应将着火电缆的电源切断。②依据起火电缆的路线和特征，仔细检查找出起火电缆的故障点，同时应快速组织人员进展扑救。③在电缆起火时，为了避开空气流通，以及快速灭火，应将电缆沟两侧的防火门关住或将两端堵死，采用窒息方法进行扑救。也可以在停电状况下，灌水进展扑救。④扑灭电缆初起火灾时，在带电状况下（6 千伏以下）可以用干粉和二氧化碳灭火器进展灭火，也可以用黄土和干砂掩盖灭火。⑤在扑救电缆火灾时，禁止用手直接接触电缆钢皮，也不准移动电缆。⑥进行扑救电缆沟中和其他一样地方的电缆火灾时，救火人员应尽可能戴上防毒面具及绝缘手套，穿上绝缘鞋，还应在水枪上装设良好的接地线，防止造成人员触电伤亡。

本章小结

1. 电力安全工器具分为绝缘安全工器具、一般防护安全工器具、安全围栏（网）和标志牌三大类。绝缘安全工器具分为基本绝缘安全工器具和辅助绝缘安全工器具两大类。基本绝缘安全工器具是指能直接操作带电设备、接触或可能接触带电体的工器具。辅助绝缘安全工器具是不能用于直接接触高压设备带电部分。一般防护安全工器具是指防护工作人员发生事故的工器具。

2. 正确掌握绝缘棒、高压验电器、绝缘手套、绝缘靴、接地线、防毒面具、正压式空气呼吸器、安全带、绝缘夹钳、安全帽、标志牌、绝缘梯、安全围栏、护目镜等常用的电力安全工器具的日常维护与使用标准、操作步骤与注意事项。

3. 正确掌握干粉灭火器、泡沫灭火器、二氧化碳灭火器的使用原理、适用范围、使用方法与注意事项。

4. 电力生产企业必须按国家、部或本企业颁发、制定的有关安全生产的规程、制度执行，并加强生产设备的运行维护、检修管理和工作人员培训活动。凡新建、扩建和改建工程或项目的设计、施工应符合国家和部颁有关消防规定的要求，并经消防验收合格后方可投入生产。

5. 现场发现火灾，当值值长必须立即组织人员扑救并拨打“119”，同时通知消防队和有关部门领导，设有固定灭火装置的单位及部位和场所的，应立即进行灭火。火灾报警：①火灾地点（具体部位、场所及设备名称）；②火势情况（初起、发展、猛烈等阶段）；③燃烧物和大约数量；④报警人姓名及电话号码。

第三章复习思考题

一、填空题

1. 电力安全工器具分为绝缘安全工器具、________、安全围栏（网）和标志牌三大类。

2. 绝缘安全工器具分为________和辅助绝缘安全工器具两大类。

3. 从用途来分，安全标志牌分为________、允许和警告三类。

4. ________是用来安装和拆卸高压熔断器或执行其他类似工作的工具，主要用于35千伏及以下电力系统。

5. 安全帽是由帽壳、________、下颏带和后箍组成。

6. 灭火时，能喷射出大量二氧化碳及泡沫，它们能黏附在可燃物上，使可燃物与空气隔绝，达到灭火目的的灭火器是________。

7. 常用的水龙带有________和压簧式两种。

二、选择题

1. 下列属于辅助绝缘安全工器具的是(　　)。

A. 绝缘棒　　B. 绝缘隔板

C. 绝缘靴　　D. 安全帽

2. 下列属于一般防护安全工器具的是(　　)。

A. 绝缘手套　　B. 绝缘胶垫

C. 核相器　　D. 防静电服

3. 绝缘棒必须(　　)试验一次。

A. 每季度　　B. 每半年

C. 每年　　D. 每两年

4. 对同杆塔架设的多层电力线路进行验电时，应(　　)。

A. 先验高压、后验低压；先验下层、后验上层

B. 先验低压、后验高压；先验下层、后验上层

C. 先验高压、后验低压；先验上层、后验下层

D. 先验低压、后验高压；先验上层、后验下层

5. 扑救各种油类火灾、木材、纤维、橡胶等固体可燃物火灾的灭火器是(　　)。

A. 泡沫灭火器　　B. 二氧化碳灭火器

C. 干粉灭火器　　D. 任意灭火器

三、问答题

1. 使用干粉灭火器应注意事项有哪些？

2. 电力电缆火灾扑救的方法有哪些？

第四章　电力安全生产技术

本章学习目标

(1) 掌握发电企业的安全生产技术。

(2) 掌握电网企业的安全生产技术。

(3) 掌握电力客户企业用电的安全生产技术。

(4) 掌握电力建设施工企业的安全生产技术。

第一节　发电企业安全生产

电力安全生产是指电力生产过程中保证物质和人员安全、生产活动秩序井然和防止灾害的发生及发电、输电、变电和配电四个部分的正常运行而采取的各项措施和活动。

一、发电厂机组检修、维护安全

锅炉、汽机、燃机、发电机、水轮机、水泵水轮机等机组是各类发电厂发电的生产设备。一般来说，发电厂机组检修、维护安全主要涉及作业条件、风险防范等内容。

1. 作业条件

作业负责人保证工作票所列的安全措施完善。发电机能进行检修的条件是机内为合格空气，人孔已经打开并进行了充分的通风，与所有系统完全解列，拆卸的设备放在指定的安全位置。

作业组成员要了解发电机检修前的运行状况，存在的缺陷及处理方法，熟悉安全技术措施、检修项目、工艺质量标准等。开工前召开专题会对作业组成员进行进行安全、技术交底并在组内明确分工。

参加检修的人员进行安全教育和技术培训后达到上岗条件，着装符合要求。检修使用的专用工具、材料齐全并经检查试验合格后存放在指定地点。使用电动工器具必须配用漏电保护器。严禁携带检修工具以外的其他物品，如金属性物品或锋利物品等，以免损伤设备及其部件。

2. 检修维护风险分析

（1）解体阶段的风险分析

检查二氧化碳气瓶完好、气体压力充足、气瓶储备充足且放置牢固，防止在搬运过程中倾倒。排氢前发电机内铁芯温度应不超过40 摄氏度。排氢过程中工作现场严禁明火，排氢速度不能太快，发电机内部压力不能低于 50 千帕。在充二氧化碳时充气压力不能低于 150 千帕。

解体发电机内只能使用手电照明，在解体过程中检修人员不能穿带金属纽扣的工作服；定子区域工作的人员须穿连体工作服，衣着整洁，不随身携带任何物品，所带物品如实登记，工作完毕后认真清点核对，保证所带物品全数拿出。将转子轴向风道封闭，防止异物进入转子内部。

（2）检修阶段的风险分析

每天开工前工作负责人向作业组成员交代安全注意事项，工作结束后总结当天的安全工作情况。高处作业应使用工具袋、安全带或防坠器。对于检修前和检修后的高压试验及有关电气试验，检修人员应撤离现场并配合相关工作人员设置围栏并派专人监护。具体检修过程的注意事项如下。

1）断开发电机、励磁机、同期调相机、高压电动机及启动装置的断路器和隔离开关。待发电机和同期调相机完全停止后，在其操作把手、按钮和机组的启动装置、励磁装置、同期并车装置、盘车装置的操作把手上悬挂“禁止合闸，有人工作!”的标志牌。若机组还可从其他电源获得励磁电流，则此电源应断开。断开断路器、隔离开关的操作电源。如果调相机有启动用的电动机，还应断开此电动机的断路器和隔离开关。在励磁电源和启动所用电动机处悬挂“禁止合闸，有人工作!”的标志牌。将电压互感器从高、低压两侧断开。

2）在发电机和断路器间或发电机定子三相引出线处验明无电

压后，装设接地线。检修机组中性点与其他发电机的中性点连在一起的，工作前应将检修发电机的中性点与其他机组分开。

3）检修机组装有二氧化碳或蒸汽灭火装置的，在风道内工作前，应采取防止灭火装置误动的必要措施。装有可以堵塞机内空气流通的自动闸板风门的，应采取措施保证使风门不关闭，以防窒息。氢冷机组应关闭至氢气系统的相关阀门、加堵板等隔离措施。转动着的发电机、同期调相机，即使未加励磁，也应认为有电压。禁止在转动着的发电机、同期调相机的回路上工作，或用手触摸高压绕组。

4）不停机进行紧急修理时，应先将励磁回路切断，投入自动灭磁装置，然后将定子引出线与中性点短路接地，在拆装短路接地线时应戴缘绝手套，穿绝缘靴或站在绝缘垫上，并戴防护眼镜。测量轴电压和工作中发电机上转子绝缘应使用专用电刷。在转动着的电机上调整、清扫电刷及滑环时，应由有经验的电工操作，并遵守下列规定：工作人员应特别小心，避免衣服及擦拭材料被机器挂住，扣紧袖口，发辫应放在帽内；工作时站在绝缘垫上，不得同时接触两极或一极与接地部分，也不能两人同时进行工作。发电机进行内部检修时严格执行检修工艺规程和发电机检修管理制度。在检修中使用扁铲、铁丝、锯条等时要时刻注意不能将断头掉入发电机内部。收工后要清点工器具，确保无遗漏后用篷布将发电机盖好并贴封条。

5）电动机拆开后的电缆头须三相短路接地。做好防止被其带动的机械引起电动机转动的措施，并在阀门上悬挂“禁止合闸，有人工作！”的标志牌。禁止在转动着的高压电动机及其附属装置回路上进行工作。必须在转动着的电动机转子电阻回路上进行工作时，应先提起碳刷或将电阻完全切除。电动机的引出线和电缆头以及外露的转动部分均应装设牢固的遮栏或护罩。电动机及启动装置的外壳均应接地。禁止在转动中的电动机接地线上进行工作。工作尚未全部终结而需送电试验电动机或启动装置时，应收回全部工作票，在通知有关机械部分检修人员后方可送电。

（3）回装阶段的风险分析

全面检查确认发电机内部的所有检修工作全部结束。通知相关部门或班组检查其相应工作全部结束。回装时要按照拆前记号回装，封人孔之前认真检查发电机内部无异物并拆除转子轴向风道堵板。

（4）水压试验安全技术措施

水压试验至少由两人以上进行工作，禁止单独一人操作。水压试验必须与集控运行联系，征得同意后方可工作。将水压机和发电机出水法兰、进水法兰和压力表连接好。升压时先打开绕组排空门，待空气排尽后方可关闭升压。缓缓升压至0.6兆帕后开始查漏，维持12小时无渗漏为合格。升压时做好联系工作，防止压力超限。水压试验时严密监视压力表的压力，防止因超压而损坏水管。

（5）发电机风压试验安全技术措施

进行风压试验前必须认真检查发电机本体、氢系统及氢干燥器、定子冷却水系统、密封油系统和润滑油系统等设备，确认全部恢复完毕后方可进行试验。压缩干空气压力正常，氢系统就地压力表和集控计算机画面氢压信号已投入正常运行。化学氢气仪表分析盘、氢气湿度分析仪、热工变送器和就地压力表均恢复正常。风压试验必须与集控运行联系，征得同意后方可工作。对发电机密封点进行查漏，在查漏过程中如果发现漏点要及时处理，全部密封点要检查两遍，无渗漏现象后继续升压，在升压过程中加强对密封油压的跟踪、查漏。如果确认不能处理的泄压后应重新检修，重新进行风压试验。

二、热力发电（火力发电）生产安全

利用热能来进行发电的发电厂主要有火力发电厂、燃气发电厂和地热发电厂。现阶段由于国家对环保和资源方面的要求不断提高，传统的燃煤发电厂将面对更大的挑战。燃气发电厂由于环境污染小，取代了很多的燃煤发电厂。地热发电则需要当地有地热能这种发电资源。

我国的火力发电行业是以热力、机械、电力为主，生产作业中存在的危险因素主要有以下几方面。

（1）运行、维护和检修工作不当很容易发生严重的触电、高空跌落、高空落物、机器损伤、烧伤、烫伤等事故。

（2）危险作业多，如高处作业，禁火区明火作业，邻近带电设备和低压带电工作，密闭容器作业，高温作业，带热压力作业，带有毒有害气体的酸、碱接触作业，重大设备的拆装吊运以及搬运工作等。这些作业如不严格履行规程，防护装置不完善都有可能造成人身伤害直至人身死亡事故的发生。

（3）带电作业危险多，如感性设备、容性设备、纯阻性设备，无不与电有着密切的联系，误碰带电导体、误入间隔、误挂标志牌、误操作、误判断带电距离，轻者终身残疾，重者死亡。

（4）无法预料的生产设备突发不可抗拒的损坏，如承压部件的突然破裂、电力设备的突然短路与接地、高压蒸汽的突然泄漏、防爆系统的突然释压、锅炉燃烧突然造成的正压、带有氢系统设备的突然爆炸、电力电缆的突然放炮着火、高压线路的突然断裂乃至接地、变压器绝缘子的突然爆裂、变压器重瓦斯引起的突然大火、转动设备的突然飞车等都是人身事故的重大隐患。

（5）从事重体力劳动的检修人员也不同程度地存在着危险因素，并且有些工作是在比较恶劣的环境下才能进行的。例如，汽轮机、发电机的部件吊运工作，发电机转子重 30～40 吨，高压电机重 4～12 吨，低压电机重 30～1 000 千克。在除氧器内明火作业、锅炉除焦、烟道清灰、发电机背部铁心的检查、凝汽器的查找漏点等，稍不注意均有可能发生事故。

三、水力发电生产安全

水力发电主要是利用水能进行发电，除了传统的水力发电还有潮汐发电方式。潮汐发电是利用双向的水流发电，而普通的水力发电只是利用单方向的水流。此外，现在很多地方根据当地需求建设了抽水蓄能电站，这种发电方式在白天用电需求大的时候发电，晚上用电负荷小的时候利用电站的电能把电站下游的水抽到上游进行水能的反复利用。

水力发电和火力发电相似，只是两者使用的发电机组不同而已，水力发电主要利用水轮机发电，在运行和检修等方面的安全要求可以参照火力发电。不同之处是水电厂要预防高处坠落、围堰坍塌、起重机械与脚手架倒塌、水库大坝安全监测和水雨情测报及水轮机的安全检测。

四、核能发电生产安全

核能发电厂（以下简称核电厂）主要是利用核聚变发电，由于所利用的能源不产生灰尘、烟气等环境污染，这种发电方式是一种清洁环保的发电方式。我国目前对核电厂的建设审批非常严格，主要是由于核电厂如果发生核泄漏将造成很严重的后果。日本核电厂发生泄漏事故后，我国对核电厂的建设审批更加严格。核电厂的安全运行是以核电厂的选址、设计、建造、调试、运行和管理均符合核安全要求为前提的，核电厂由于自身的安全性要求较高，最大的安全威胁是核泄漏。

为了防止厂区人员受到过量的辐射危害，进入厂区应穿防护服。同时，装料、换料计划、燃料性能、辐射防护大纲和人员受照射量要做好记录；废物管理按文件要求执行；对各种运行状态（包括停堆在内）的按要求执行。其他方面如电气、机械安全与火力发电厂类似。

五、新能源发电生产安全

新能源发电技术的产生主要是由于煤炭石油等自然资源有限，人类对能源的需求不断攀升。随着新能源技术的发展，新能源发电主要以风力发电、太阳能发电和生物质能发电为主。

新能源发电共同的生产安全是栏杆、盖板、护板等设施齐全，符合国家标准及现场安全要求；因工作需拆除防护设施，必须装设临时遮栏或围栏，工作终结后，及时恢复防护设施。电气高压试验现场应装设遮栏或围栏，设醒目安全警示牌。梯台、电缆沟盖板的结构和材质良好，钢直梯护圈和踢脚板等防护功能齐全，符合国家安全生产要求。机器的转动部分防护罩或其他防护设备（如栅栏）齐全、完整，露出的轴端设有护盖。电气设备金属外壳接地装置齐全、完好。生产现场紧急疏散通道必须保持畅通。

1. 风力发电安全

风力发电由于借助于自然的风来进行电能的生产，其主要的安全威胁就是大风、大雾、大雪等恶劣天气。各地的风电场主要基于当地气象风力的条件进行，由于风力发电机需要一定的风速条件才能工作，风电场的位置主要分布于大山、高原、荒地、大漠、沿海等地方，这些地方的自然条件相对于城市的环境要差很多。生产人员在进行相关设备安装和调试时，要做好防大风、防沙、防风暴、防寒等保护工作。此外，就是高处作业、电气设备运行和机械操作中的安全。其中，人员工作时防护用品的使用安全规程包括以下几点：

（1）近水地点作业时应穿救生衣。

（2）佩戴手套，穿防护工作服和橡胶底防护工作鞋来防止受伤和油污。

（3）在风力发电机组内部工作时要戴上有锁紧带的安全帽且在任何时候要把帽带系紧。

（4）佩戴耳塞来防止大风和设备噪声的影响。

（5）在液压回路及使用角磨机工作时应戴护目镜。

（6）维护作业时应带手电筒以备应急时使用。

2. 太阳能发电安全

太阳能资源是无限的，由此产生了多种太阳能发电方式，主要为光伏电池板发电和太阳能光热发电。其中，太阳能光热发电分为槽式、塔式和碟式，其利用加热其他物质产生热能发电。光伏电池板发电就是日常所见的利用光伏电池板产生电能。太阳能电站的工作人员在生产中要注意做好防暑的工作，特别是在炎热的夏天，地面温度高，人体水分蒸发快，工作人员不仅要补充适当的水，更要避免在检修和调试设备时被烫伤。

太阳能发电的安全要求：光伏电池组件应满足安全运行的电气和机械性能要求，组件完好，温度正常；支架基础牢靠，各部螺栓无松动，焊接牢固，支架无变形，强度、稳定性和刚度满足要求，符合抗震、抗风和防腐等要求；制定并落实组件支架巡回检查、维护制度；组件支架与基础安装牢固，无松动现象；跟踪式支架限位装置、过风速保护、断电保护、跟踪控制系统正常。

3. 生物质能发电安全

生物质能发电主要是利用人类日常生活中的秸秆、垃圾等可燃物质进行燃烧产生的热能发电。由于这种发电方式是利用废弃的物质进行发电，所以它归属于新能源发电方式而不是常规的热力发电方式。

这种发电方式除了火力发电的安全要求外，秸秆在收集、堆放、破碎时还要注意防火。

4. 氢能发电安全

氢能发电是指利用氢气和氧气燃烧，组成氢氧发电机组。这种机组是火箭型内燃发动机配以发电机，它不需要复杂的蒸汽锅炉系统，因此结构简单，维修方便，启动迅速，要开即开，欲停即停。在电网低负荷时，还可吸收多余的电来进行电解水，生产氢气和氧气，以备高峰时发电用。这种调节作用对于用网运行是有利的。另外，氢气和氧气还可直接改变常规火力发电机组的运行状况，提高电站的发电能力。常见的氢能发电方法有燃料电池、氢直接产生蒸汽发电、氢直接作为燃料发电。

第二节　电网企业安全生产

一、输电安全

随着电网技术的发展，输电技术也在不断地向更高电压等级、更远距离的方向发展，未来高压输电将占据输电技术的主要阵地。目前两类主要的输电方式是交流高压输电和直流高压输电。由于高压输电线路大多数分布在野外和郊区，对生产人员的安全要求也更加严格，输电线路的安全是保证正常电力生产的重要环节。一般来说，输电线路的安全主要涉及输电线路安全标志、安全防护设备的使用、输电线路继电保护技术以及高压直流换流站的安全等内容。

1. 输电线路安全标志

高压输电线路禁止标志牌一般可采用《电气安全设施配置技术

规范 第2部分：线路》（GB/T 36291. 2—2018）规定的规格，也可根据现场情况采用其他规格。

线路铁塔、钢管塔和有脚钉的水泥杆上必须设置“禁止攀登，高压危险!”的标志牌。应根据现场实际情况设置其他相应的禁止标志牌。输电线路常用禁止标志及设置规范见表4-1。

表4-1 输电线路常用禁止标志及设置规范

序号	图形标志示例	名 称	设置范围和地点
1		禁止吸烟	电缆隧道出入口、电缆井内、检修井内、电缆接续作业的临时围栏等处
2		禁止烟火	电缆隧道出入口等处
3		禁止跨越	不允许跨越的深坑（沟）等危险场所、安全遮栏等处

续表

序号	图形标志示例	名　称	设置范围和地点
4		禁止停留	高处作业现场、吊装作业现场，临时搭设的跨越架等处
5		未经许可不得入内	电缆隧道入口等易造成事故或对人员有伤害的场所
6		禁止通行	有危险的作业区域入口处或安全遮栏等处
7		禁止堆放	消防器材存放处、消防通道，电缆隧道出入口等处

续表

序号	图形标志示例	名　称	设置范围和地点
8		禁止合闸 线路有人工作	一经合闸即可送电到施工设备的断路器（开关）和隔离开关（刀闸）操作把手上等处
9		禁止分闸	接地刀闸与检修设备之间的断路器（开关）操作把手上
10		禁止攀登 高压危险	线路杆塔下部

2. 输电线路安全防护

安全防护设施用于防止外因引发的人身伤害，包括安全帽、安全带、临时遮栏（围栏）、孔洞盖板、爬梯遮栏门、安全工具试验合格证标志牌、接地线标志牌及接地线存放地点标志牌、杆塔拉线、接地引下线、电缆防护套管及警示线、杆塔防撞警示线等装置和用具。

工作人员进入生产现场，应根据作业环境中所存在的危险因素，穿戴或使用必要的防护用品。所有升降口、大小坑洞、楼梯和平台，应装设不低于 1 050 毫米高的栏杆和不低于 100 毫米高的护板。如在检修期间需将栏杆拆除，应装设临时遮栏，并在检修工作结束后将栏杆立即恢复。巡检过程中如果发现问题，要及时向有关部门报告并修复，巡检的周期一般为一周一次。

3. 输电线路继电保护技术

输电线路继电保护技术是保证输电线路安全运行以及故障处理的关键技术，主要包括输电线路的电流电压保护、距离保护、差动保护、高频保护等。继电保护技术能自动、迅速、有选择性地将故障元件从输电线路系统中切除，使故障元件免于继续遭到损坏，保证其他无故障部分迅速恢复正常运行。此外，继电保护技术能够反映电力设备的不正常运行状态，并根据运行维护条件而动作发出信号或跳闸。

随着智能电网的发展，输电线路继电保护技术将面临新的挑战，如电压等级高，送电距离长，城市供电电缆化以及海底电缆的广泛应用；区域电网采用高压直流互联，电网中广泛应用灵活交流输电（FACTS）等灵活控制元件；清洁及可再生能源大规模接入电网。

4. 高压直流换流站安全

高压直流输电是最近几年比较流行的一种输电方式，因其具有输送距离远、功率损耗小等优点得到了应用。高压直流输电是将三相交流电通过换流站整流变成直流电，然后通过直流输电线路送往另一个换流站逆变成三相交流电的输电方式。直流输电系统包括换流站、直流线路、交流侧和直流侧的电力滤波器、无功补偿装置、换流变压器、直流电抗器以及保护、控制装置等，其中换流站又可分为整流站和逆变站。高压直流输电中，换流站的安全建设是直流输电的关键。直流换流站阀厅内的试验安全要求包括以下几方面：

（1）进行晶闸管高压试验前，应停止该阀塔内其他工作并撤离无关人员；试验时，工作人员应与试验带电体位保持 0.7 米以上距离，试验人员禁止直接接触阀塔屏蔽罩，防止被可能产生的试验感应电伤害。

（2）地面加压人员与阀体层作业人员应通过对讲机保持联系，

防止高处作业人员未撤离阀体时误加压。阀体工作层应设专责监护人（在与阀体工作层平行的升降车上监护、指挥），加压过程中应有人监护并呼唱。

（3）换流变压器高压试验前应通知阀厅内高压穿墙套管侧试验无关人员撤离，并派专人监护。

（4）阀厅内高压穿墙套管试验加压前应通知阀厅外侧换流变压侧上试验无关人员撤离，确认其余绕组均已可靠接地，并派专人监护。

（5）高压直流系统带线路空载加压试验前，应确认对侧换流站相应的直流线路接地刀闸、极母线出线隔离开关、金属回线隔离开关在拉开状态。单极金属回线运行时，禁止对停运极进行空载加压试验。背靠背高压直流系统一侧进行空载加压试验前，应检查确认另一侧换流变压器处于冷备用状态。

二、变电安全

变电站是电力网重要组成部分，是改变电压、控制和分配电能的场所。从规模上，变电站可分为枢纽变电站、地区重要变电站、一般变电站。变电站一般建在负荷中心，尽可能靠近用电多的地方。变电安全主要涉及变电站安全措施、特殊天气下的安全要求和其他设施的要求等内容。

1. 变电站概述

变电站是用于切断或接通、改变或者调整电压的一组设备。在电力系统中，变电站是输电和配电的集结点。变电站主要组成包括馈电线（进线、出线）和母线，隔离开关，接地开关，断路器，电力变压器（主变），站用变，电压互感器 TV（PT）、电流互感器 TA（CT），避雷针。随着电网技术的发展，智能变电站因在自动化程度、可靠性、经济性和安全性等方面优于传统的变电站，正不断在电网系统中使用。因其大量采用计算机等信息化处理技术，极大地方便了电网的调度和控制。

2. 变电站的安全措施

（1）一般要求

1）在一经合闸即可送电到工作地点的断路器、隔离刀闸操作把手上悬挂“禁止合闸、有人工作!”的标志牌。对在显示屏上进行操作的断路器和隔离刀闸，应在其操作处设置“禁止合闸、有人工作!”标记。

2）若线路有人工作，应在线路断路器、隔离刀闸操作把手上悬挂“禁止合闸、线路有人工作!”的标志牌。对在显示屏上进行操作的断路器和隔离刀闸，应在其操作处设置“禁止合闸、线路有人工作!”标记。

3）在工作地点设置“在此工作”的标志牌。

4）严禁工作人员擅自移动或拆除遮栏（围栏）、标志牌，严禁翻越围栏。

5）在中控室盘柜两侧设置围栏，并配置满足室外最高电压等级两个间隔同时检修的遮栏网围栏，围栏的高度不小于1.7米。

（2）高压设备隔离措施

1）在室外高压设备上进行检修工作时，在工作地点四周装设全封闭遮栏网围栏，其出入口要围至临近道路旁边，并设置“从此进出”的标志牌。围栏上悬挂适当数量的“止步，高压危险!”的标志牌，标志牌应朝向围栏外面。

2）若室外设备装置的大部分设备停电，只有个别地点保留有带电设备而其他设备不可能触及带电导体时，应在带电设备四周装设全封闭遮栏网围栏，围栏上悬挂适当数量的“止步，高压危险!”的标志牌，标志牌应朝向围栏外面。

3）对室外高压设备进行预试时，在工作地点装设遮栏网围栏，围栏与试验设备高压部分应有足够安全距离，向外悬挂“止步，高压危险!”的标志牌，并派人看守。被试设备不在同一地点时，另一端也应派人看守。

4）室外扩建、改建施工时，采取非金属板（木板或其他板材）对施工区域进行封闭隔离，其出入口要围至临近道路旁边，并设置“从此进出”的标志牌。进入配电装置设备区至施工地点出入口处的道路两旁应设置遮栏网围栏，围栏上悬挂适当数量的“止步，高压危险!”的标志牌，标志牌应朝向围栏外面。

5）当施工地点上方有高压配电装置运行时，应设置安全限高标志。

6）在室外构架上工作，应在工作地点临近带电部分的横梁上悬挂“止步，高压危险!”的标志牌。在上下铁架或梯子上，悬挂“从此上下”标志牌。在临近其他可能误登的带电构架上，悬挂“禁止攀登，高压危险!”的标志牌。

（3）二次系统安全隔离措施

1）在全部停运的继电保护、安全自动装置和仪表、自动化监控系统等屏（柜）上工作时，在检修屏（柜）两旁及对面运行屏（柜）上设置临时遮栏或以明显标志隔开。

2）在部分停运的继电保护、安全自动装置和仪表、自动化监控系统等屏（柜）上工作时，在检修间隔上下与运行设备以明显标志隔开。

3）在继电保护、安全自动装置和仪表、自动化监控系统等屏（柜）上或附近进行打眼等振动较大的工作时，采取防止运行设备中设备误动作的措施，必要时申请暂停保护。

4）在继电保护、安全自动装置和仪表、自动化监控系统等屏间的通道上搬运、安放试验设备或其他屏柜时，注意与运行设备保持一定距离，防止误碰运行设备。

3. 变电站特殊天气下安全要求

雷雨天气，需要巡视室外高压设备时，应穿绝缘靴，并不得靠近避雷器和避雷针；进入设备区，不得打雨伞，应穿雨衣；禁止就地进行倒闸操作。

火灾、地震、台风、冰雪、洪水、泥石流、沙尘暴等灾害发生时，如需要对设备进行巡视时，应制定必要的安全措施并得到设备运行单位分管领导批准，巡视时至少两人一组，巡视人员应与派出部门之间保持通信联络。

4. 变电站其他设施要求

变电站内外工作场所的井、坑、孔、洞或沟道，应覆以与地面齐平而坚固的盖板。在检修工作中如需将盖板取下，应设临时围栏。临时打的孔、洞，施工结束后，应恢复原状。变电站内外的电缆在进入控制室、电缆夹层、控制柜、开关柜等处的电缆孔洞，应用防火材料严密封闭。高压配电室、主控室、保护室、电缆室、蓄电池室装设的防小动物挡板不得随意取下。严格蓄电池组的运行维护管理，防止运行环境温度过高或过低造成蓄电池组损坏。

三、配电安全

1. 配电网的特征与组成

配电网是电力网的最后环节，配电网是由架空线路、电缆、杆塔、配电变压器、隔离开关、无功补偿电容以及一些附属设施等组成，在电力网中起重要分配电能的作用。配电网安全的关键涉及架空线路的检修和维护，配电网带电作业安全等内容。

配电网按电压等级来分类，可分为高压配电网（35 ~ 110 千伏）、中压配电网（6 ~ 10 千伏）、低压配电网（220 ~ 380 伏）；按供电区的功能来分类，可分为城市配电网、农村配电网和工厂配电网等。

2. 配电网中架空线路安全要求

（1）巡线要求

单独巡线人员应考试合格并经工区（公司、所）分管生产领导批准。电缆隧道、偏僻山区和夜间巡线及汛期、暑天、雪天等恶劣天气巡线，由两人进行。单人巡线时，禁止攀登电杆和铁塔。遇有火灾、地震、台风、冰雪、洪水、泥石流、沙尘暴等灾害发生时，如需对线路进行巡视，应制定必要的安全措施，并得到设备运行管理单位分管领导批准。巡视应至少两人一组，并与派出部门之间保持通信联络。雷雨、大风天气或事故巡线，巡视人员应穿绝缘鞋或绝缘靴；汛期、暑天、雪天等恶劣天气和山区巡线应配备必要的防护用具、自救器具和药品；夜间巡线应携带足够的照明工具，沿线路外侧进行；大风时，巡线应沿线路上风侧前进，以免触及断落的导线；巡线时禁止泅渡。事故巡线应始终认为线路带电。巡线人员发现导线、电缆断落地面或悬挂空中，应设法防止行人靠近断线地点 8 米以内，以免跨步电压伤人，并迅速报告调度和上级，等候处理。

（2）障碍物处理

砍剪树木时，应防止马蜂等昆虫或动物伤人。上树时，不应攀抓脆弱和枯死的树枝，不应攀登已经锯过或砍过的未断树木。使用安全带时，不准系在待砍剪树枝的断口附近或以上。砍剪树木应有专人监护，待砍剪的树木下面和倒树范围内不准有人逗留，城区、人口密集区应设置围栏，防止砸伤行人。树枝接触或接近高压带电导线时，应将高压线路停电或用绝缘工具使树枝远离带电导线至安全距离，禁止人体接触树木。

（3）杆上作业要求

登杆塔和在杆塔上工作时，每基杆塔都应设专人监护。作业人员登杆塔前应确认停电检修线路的识别标记和双重名称无误后，再检查根部、基础和拉线是否牢固。遇有冲刷、起土、上拔或导地线、拉线松动的杆塔，应先培土加固，打好临时拉线或支好架杆后，再行登杆。同时，应先检查登高工具、设施，如脚扣、升降板、安全带、梯子和脚钉、爬梯、防坠装置等是否完整牢靠。禁止携带器材登杆或在杆塔上移位。禁止利用绳索、拉线上下杆塔或顺杆下滑。攀登有覆冰、积雪的杆塔时，应采取防滑措施。攀登杆塔、杆塔上转位及杆塔上作业时，手扶的构件应牢固，不准失去安全保护，并防止安全带从杆顶脱出被锋利物损坏。上横担进行工作前，应检查横担连接是否牢固和腐蚀情况，检查时安全带应系在主杆或牢固的构件上。在杆塔上作业时，应使用有后备绳或速差自锁器的双控背带式安全带，当后保护绳超过 3 米应使用缓冲器。后备保护绳不准对接使用。工作点下方应按坠落半径设围栏或其他保护措施。杆塔上下无法避免垂直交叉作业时，应做好防落物伤人的措施，作业时要相互照应，密切配合。在杆塔上水平使用梯子时，应使用特制的专用梯子。在相分裂导线上工作时，安全带应挂在同一根子导线上，后备保护绳应挂住整相导线。

3. 配电网带电作业安全

进行直接接触 20 千伏及以下电压等级带电设备的作业时，应穿着合格的绝缘防护用具；使用的安全带、安全帽应有良好的绝缘性能，必要时戴护目镜。使用前应对绝缘防护用具进行外观检查。

作业过程中禁止摘下绝缘防护用具，作业区域带电导线、绝缘子等应采取相应的绝缘隔离措施。绝缘隔离措施的范围应比作业人员活动范围增加 0.4 米以上。实施绝缘隔离措施时，应按先近后远、先下后上的顺序进行，拆除时顺序相反。装、拆绝缘隔离措施时应逐相进行。禁止同时拆除带电导线和接地电位的绝缘隔离措施；禁止同时接触两个非连通的带电导体或带电导体与接地导体。

作业人员进行换相工作转移前，应得到工作监护人的同意。杆塔上带电核相时，作业人员与带电部位保持规定的安全距离。核相工作应逐相进行，严禁两相同时核相。高低压同杆架设，在低压带电线路上工作时，应先检查与高压线的距离，采取防止误碰带电高压设备的措施。

在低压带电导线未采取绝缘措施时，工作人员不得穿越。在带电的低压配电装置上工作时，应采取防止相间短路和单相接地的绝缘隔离措施。上杆前，应先分清相、零线，选好工作位置。断开导线时，应先断开相线，后断开零线。搭接导线时，顺序应相反。人体不得同时接触两根线头。

第三节　电力客户企业用电安全生产

一、用电产品的安装

1. 用电产品的安装

用电产品的安装应符合相应产品标准的规定。用电产品应按照制造商要求的使用环境条件进行安装，如果不能满足制造商的环境要求，应该采取附加的安装措施。例如，为用电产品提供防止外来电气、机械、化学和物理应力的防护。一般条件下，用电产品的周围应留有足够的安全通道和工作空间，且不应堆放易燃、易爆和腐蚀性物品。

2. 电气线路的安装

电气线路应具有足够的绝缘强度、机械强度和导电能力，其安装应符合相应产品标准的规定。当系统接地的形式采用保护接地系统（TT 系统）时，应在电路采用剩余电流保护器进行保护，并且保护应具有选择性。保护接地线应采用焊接、压接、螺栓联结或其他可靠方法联结，严禁缠绕或挂钩。电缆线中的绿/黄双色线在任何情况只能用作保护接地线。

3. 插头插座的安装

插头插座的安装应符合相应产品标准的规定。插拔插头时，应保证电气设备和电气装置处于非工作状态，同时人体不得触及插头的导电极，并避免对电源线施加外力。插头与插座应按规定正确接线，插座的保护接地极在任何情况下都应单独与保护接地线可靠连接，不得在插头（座）内将保护接地极与工作中性线连接在一起。

二、用电产品的使用

1. 一般要求

正确选用用电产品的规格形式、容量和保护方式，不得擅自更改用电产品的结构、原有配置的电气线路以及保护装置的整定值和保护元件的规格等。选择用电产品，应确认其符合产品使用说明书规定的环境要求和使用条件，并根据产品使用说明书的描述，了解使用时可能出现的危险及应采取的预防措施，用电产品检修后重新使用前应再次确认。用电产品应该在规定的使用寿命期间内使用，超过使用寿命期限的应及时报废或更换，必要时按照有关规定延长使用寿命。任何用电产品在运行过程中，应有必要的监控或监视措施；用电产品不允许超负荷运行。用电产品因停电或故障等情况而停止运行时，应及时切断电源，在查明原因，排除故障，并确认已恢复正常后才能重新接通电源。正常运行时会产生飞溅火花或外壳表面温度较高的用电产品，使用时应远离可燃物质或采取相应的密闭、隔离等措施，用完后及时切断电源。

2. 各类产品的特殊要求

移动使用的用电产品，应采用完整的铜芯橡皮套软电缆或护套软线作为电源线，移动时，应防止电源线拉断或损坏。固定使用的用电产品，应在断电状态移动，并防止任何降低其安全性能的损害。0 类设备只能在非导电场所中使用，在其他场所不应使用 0 类设备。Ⅰ类设备使用时，应先确认其金属外壳或构架已可靠接地，或已与插头插座内接地效果良好的保护接地极可靠连接，同时应根据环境条件加装合适的电击保护装置。自备发电装置应有措施保证与供电电网隔离，并满足用电产品的正常使用要求，不得擅自并入电网。露天（户外）使用的用电产品应采取适用标准的防雨、防雾和防尘等措施。

三、用电产品的维修

用电产品的维修应按照制造商提供的维修规定或定期维修要求进行，维修后需要检验的要按规定进行检验方能投入使用。用电产品的测试及维修应根据情况采取全部停电、部分停电和不停电三种方式，并设置安全警示标志及采取相应的安全措施，并由专业人员进行，非专业人员不得从事电气设备和电气装置的维修，但属于正常更换易损件情况除外。涉及公众安全的用电产品，其相应活动应由具有相应资格的人员按规定进行。

检修后的电气设备和电气装置，应证明其安全性能符合正常使用要求。不合格的用电产品不得投入使用，应及时予以报废，并在明显位置予以标识。用电产品拆除时，应对原来的电源端作妥善处理，不应使任何可能带电的导电部分外露。长期放置不用的用电产品在重新使用前，应经过必要的检修和安全性能测。

四、特殊场所和特殊环境条件用电安全的一般原则

1. 特殊场所的一般原则

在儿童活动场所，应考虑将插座安装在一定的高度，否则应采取必要的防护措施。在浴场（室）、蒸汽房、游泳池等潮湿的公共场所，应有特殊的用电安全措施，保证在任何情况下人体不触及用电产品的带电部分，且当用电产品发生漏电、过载、短路或人员触电时能自动切断电源。在可燃、助燃、易燃（爆）物体的储存、生产、使用等场所或区域内使用的用电产品，其阻燃或防爆等级要求应符合特殊场所的标准规定。

2. 特殊环境条件的一般原则

我国地域广阔，应考虑电气设备及电气装置的特殊环境条件，包括热带、寒冷、高原、工业腐蚀、矿山、船用等。在不同特殊环

境条件下使用的各类产品，可按其产品特点和使用环境对其的影响，考虑适用的环境参数和严酷等级，确定用电产品的防护类型。

在特殊环境条件下使用的用电产品，可通过提高设计参数等措施确保：绝缘性能良好、满足各种环境条件的特殊要求、保持正常运行等。此外，热带环境中的干热型、干热沙漠型和其他特殊环境条件下户外使用的用电产品应满足一定的外壳防护等级，并能在高温、低温或太阳辐射下正常工作。

第四节　电力建设施工企业安全生产

一、施工现场要求

1. 一般规定

施工总平面布置应符合国家消防、环境保护、职业健康等有关规定。施工现场的排水设施应全面规划。排水沟的截面积及坡度应经计算确定，其设置位置不得妨碍交通。凡有可能承载荷重的排水沟均应设盖板或敷设涵管，盖板的厚度或涵管的大小和埋设深度应经计算确定。排水沟及涵管应保持畅通。施工现场敷设的力能管线不得随意切割或移动。如需切割或移动，应事先办理审批手续。施工现场及周围的悬崖、陡坎、深坑、高压带电区等危险场所均应设防护设施及安全标志牌；坑、沟、孔洞等均应铺设与地面平齐的盖板或设可靠的围栏、挡板及安全标志牌。危险场所夜间应设警示灯。施工现场设置的各种安全设施不得擅自拆、挪或移作他用。如确因施工需要，应征得该设施管理单位同意，并办理相关手续，采取相应的临时安全措施，事后应及时恢复。办公区、生活区应与施工区分开设置。进入施工现场的人员应正确佩戴安全帽，根据作业工种或场所需要选配个体防护装备。施工作业人员不得穿拖鞋、凉鞋、高跟鞋，以及短裤、裙子等进入施工现场。酒后不得进入施工现场。与施工无关的人员不得进入施工现场。在存在有害气体的室内或容器内工作均应设强制通风装置，采用可靠的防护用具，或配备气体检测装置，并在专人监护下进行工作。进入井、隧道、电缆夹层内工作前，应先检查其内是否积聚有易燃、有毒气体，如有异常，应认真排除，在确认安全后方可进入工作。下坑井内工作的人员应系好救生绳和安全带，救生绳上端固定在坑井上部牢固部位，并设专人监护。工作场所应保持整洁，垃圾或废料应及时清除，做到“工完、料尽、场地清”，坚持文明施工。高处的垃圾或废料不得向下抛掷。工作场所应配备应急医疗用品和器材，并定期检查其有效期限，及时更换补充。

2. 道路

施工现场的道路应坚实、平坦，车道宽度和转弯半径应结合进站和站内设计道路，并兼顾施工和大件设备运输要求。现场道路不得任意挖掘或截断，确需开挖时，应事先征得施工管理部门的同意并限期修复。开挖期间应采取铺设过道板或架设便桥等保证安全通行的措施。现场道路跨越沟槽时应搭设牢固的便桥，经验收合格后方可使用。人行便桥的宽度不得小于1米，手推车便桥的宽度不得小于1.5米。汽车便桥的宽度不得小于3.5米。便桥的两侧应设有可靠的栏杆。现场的机动车辆应限速行驶，并应在显著位置设置限速标志。机动车辆行驶沿途应设交通指示标志，危险区段应设“危险”或“禁止通行”等安全标志，夜间应设警示灯。场地狭小、运输繁忙的地点应设临时交通指挥。

3. 材料、设备堆放及管理

材料、设备应按施工总平面布置规定的地点堆放整齐，并符合消防及搬运的要求。堆放场地应平坦、不积水，地基应坚实。现场拆除的模板、脚手杆以及其他剩余材料、设备应及时清理回收，集中堆放。材料、设备不得紧靠围栏或建筑物的墙壁堆放，应留有一定的间距，并采取防止无关人员进出的措施。露天存放时应设置支垫，并做好防潮、防火措施。各类脚手杆（管）、脚手板、紧固件以及防护用具等均应存放在干燥、通风处，并符合防腐、防火等要求。新工程开工或间歇性复工前应进行检查，经鉴定合格方可使用。酸类及有害人体健康的物品应存放在专用仓库内或场地上，并做出标记。仓库应保持通风。易燃材料和废料的堆放场所与建筑物及用火作业区的距离应符合有关规定。易燃、易爆及有毒物品等应分别存放在与普通仓库隔离的危险品仓库内，危险品仓库的库门应向外开，并按有关规定严格管理。汽油、酒精、油漆及稀释剂等挥发性易燃材料应密封存放，并配适宜的消防器材。建筑材料的堆放高度应符合有关规定。

二、施工机械与机具

1. 施工机械

施工机械应按照现行机械行业标准的要求和出厂使用说明书规定的技术性能、承载能力和使用条件，正确操作，合理使用，不应超载作业和任意扩大使用范围。传动装置的转动部分（如轴、齿轮、皮带等）应设防护罩，其构造应方便检查及保养。固定式的施工机械应安装在牢固的基础上，并设置安全操作规程牌，移动式施工机械使用时应将轮子或底座固定好。机械上除规定座位、走道外，不得在其他部位坐、立或行走。机械运转时，操作人员不得离开工作岗位。机械运转时，不得以手触摸其转动、传动部分，或直接调整皮带，进行润滑等工作。重型机械通过的桥、涵洞及路堤应复核其强度，必要时加固后通行。施工机械在运行设备附近工作时，应与运行设备保留一定的安全距离。移动式机械的电源线应采取防护措施，不得随意放在地面上。电动机械工作前应先空转1～2分钟，待运转正常后方可正式工作。新装、自制、经过大修或技术改造的机械应试验鉴定，并经主管机务人员和操作人员共同检查，合格后方可交付使用。机械金属外壳应可靠接地。

2. 机具

机具应由了解其性能并熟悉操作知识的人员操作。各种机具均应由专人进行维护、保管，并应随机悬挂安全操作规程。修复后的机具应经试验鉴定合格后方可使用。机具外露的转动部分应装设保护罩，转动部分应保持润滑。机具的电压表、电流表、压力表、温度计等监测仪表，以及制动器、限制器、安全阀等安全装置，应齐全、完好。机具应按其出厂说明书和铭牌的规定使用。使用前应进行检查，不得使用已变形、破损、有故障等不合格的机具。电动机具应接地良好。电动或风动机具在运行中不得进行检修或调整；检修、调整或中断使用时，应将其动力源断开。不得将机具、附件放在机器或设备上。不得站在移动式梯子上或其他不稳定的位置使用电动或风动机具。使用射钉枪、压接枪等爆发性工具时，应严格遵照说明书的规定使用。

三、电力建设施工企业安全生产的风险与管控措施

1. 电力建设施工企业安全生产的风险

（1）人身风险

电力建设企业的人身事故主要的类型包括触电、倒杆（物体打击）及高处坠落等。

人身事故主要安全风险包括以下五个方面。

1）安全管控制度执行不力及不健全管理风险

电力建设企业及有关人员对于与人身安全相关的安全管控制度执行不到位、敷衍了事，未能做到压实责任、层层分解和贯彻落实，导致所颁布的制度失去约束效力。

2）农配网施工作业人身安全风险

农配网施工作业现场点多面广、时间紧、任务重且作业环境恶劣，存在安全监管不到位、责任真空化现象，极易引发触电、高空坠落、倒杆等安全风险。

部分企业重进度、轻安全的情况较为突出，边远山区的施工监管更会被忽视，极易出现“三违现象”，人身安全风险管控的难度也随之增大，现场作业违章引发的安全风险主要体现如下几方面：

①杆上作业人员未按规定使用安全带，存在高空坠落风险。

②农配网施工过程中未办理工作票就开展现场作业施工。

③未刚性执行停电、验电及装设接地线等操作步骤。

④近电作业（作业区域有运行导线穿、跨越，部分停电的配变台架或部分停电的多回路线路杆塔作业时不能始终与带电设备保持足够距离）安全距离不足而采取冒险作业。

⑤工作地点两侧未形成封闭接地保护。

⑥架设低压新导线跨越带电低压绝缘线未采取任何安全防护措施，直接将低压新导线搭在带电的低压绝缘线路上，并进行拖拽式

紧线，存在绝缘胶皮破损引发触电风险。

3）主网输电线路作业人身安全风险

塔上导线码线不牢，引发导线掉落触碰下方带电线路，误登带电杆塔或误入带电回路等现象引起人员触电风险，构成较大电力安全事故。

4）主网变电作业人身安全风险

改、扩建间隔施工与带电间隔安全距离不足引发的停电及触电风险，构成较大电力安全事故。

5）分包项目人身安全风险

①近电作业、跨（穿）越运行的电力线路施工风险，临近运行线路或设备、同塔双回线路，一回线路带电运行另一回线路停电施工时感应电风险。

②大型项目施工平台和脚手架不按规定搭设造成坍塌、人身坠落、触电等风险。

③架线时不落实施工方案、作业指导书的安全技术措施导致跑线引发物体打击、触电等设备、人身风险。

④违规使用起重工具、牵引装具、自行设计的施工专用设备以及特种设备定期维护、保养和专项检查不到位等施工机具管理不当导致的人身安全风险。

⑤登高或高处作业未按规定系安全带或使用不合格的登高工具导致的高空坠落风险。

（2）电网风险

1）重大停电配合架线及间隔改造施工的电网风险未能如期完成架线或间隔改造任务，导致延迟恢复送电。

2）“反措”执行不力引发的电网风险项目管理人员对南方电网公司的“反措”要求执行不到位。

（3）设备风险

自有设备管理不当、甲供设备不按规范要求安装安全风险。

（4）环境风险

原状土破坏、现场机械设备、施工垃圾、施工噪声造成的环境风险。

(5) 交通消防事故风险

1) 交通安全风险

未制定车辆管理制度，车辆管理混乱。生产通勤用车频次高、路途遥远、地形复杂等因素，以及管理不严带来的重大交通人身伤亡事故风险和管理责任风险；车辆申请与使用不合规；对驾驶员安全监督、宣传教育和培训不到位，驾驶员违章驾驶，酒后驾驶或服用药物后驾驶，驾驶车辆时打电话、抽烟或闲谈，特别是生产一线兼职驾驶员工作任务完成后疲劳驾驶；兼职驾驶员驾驶车辆热情下降带来的车辆使用管理风险；车辆维修保养和日常检查不到位，冰、雪、雾、雨等恶劣天气情况下驾驶或对路况不良、易发生山体滑坡和泥石流、事故多发的路段未开展风险评估。

2) 消防安全风险

消防管理松懈，办公场所、作业现场及车辆未按规定要求配置足额的消防灭火器及防毒面具，未定期对灭火器进行检查，消防通道被占用或堆放杂物。

2. 电力建设施工企业安全生产风险管控措施

(1) 人身风险控制措施

从严压实安全生产责任，紧盯“人”这个关键，严抓“保命”意识、技能提升，健全完善“护命”举措，有序推进“三基”（基层、基础、基本技能）建设。抓实劳务队伍安全管理，强化项目管理，为管控人身风险提供关键保障。加强核心队伍培育，健全安全生产风险分级管控机制，建立健全快速反应的安全生产应急体系，加强交通消防安全风险管控。

(2) 电网风险控制措施

1) 重大停电配合架线及间隔改造施工的电网风险控制措施

电力建设企业需组织项目骨干力量会同施工队一起研讨停电架线或间隔改造施工计划，在充分考虑各种外部因素影响、人员及设备配置的基础上缜密、严谨制订出相应停电架线或间隔改造计划。

2)“反措”执行不力引发的电网风险控制措施

严格执行各项“反措”要求，各设计单位要从项目设计之初将“反措”要求融进设计方案，在施工阶段做好贯彻执行，并到施工项目部进行针对性的核查，同时加强与建设单位的沟通，取得其相关的支持配合。

（3）设备风险控制措施

1）自有设备管理安全风险控制措施

①严格执行特种设备八步骤的管理要求，安排专人负责建立其设备及相关设施清单台账，根据规范和特种设备厂家的维护保养说明书，确定设备维护保养项目和周期，同时应做好日常的维护保养，并做好相关记录。

②根据安全规程和使用说明书编写特种设备操作手册，并携带到作业现场或张贴在设备明显位置。

③定期组织人员进行操作培训，让其熟练掌握机械设备的操作技能。

④安全管理部门不定期组织人员到电力建设企业进行检查，对不执行特种设备八步骤管理要求的单位进行考核处罚。

2）甲供设备安装的安全风险控制措施

①作业人员务必严格按照设备安装操作手册要求进行设备安装及调试。

②不断学习、提升设备安装技能水平，确保设备安装质量精良，无遗留潜在隐患，保障设备长期安全可靠运行。

（4）环境风险控制措施

1）原状土破坏造成的环境风险控制措施

土建基础施工过程中要注意保护基础周边的原状土，不得违背设计图纸要求或为贪图施工便利擅自改变基础形式，采用大幅度基础降基方式进行基础施工。基础施工完成后要及时做好复绿处理，避免因边坡原状土破坏引发水土流失。

2）现场机械设备造成的环境风险控制措施

电力建设企业要严格按照特种设备的管理要求，安排专人负责管理机械设备，制定维护保养卡片，记录设备维护保养项目和周期，并应做好日常的常规维护保养。发现机械设备有跑、冒、滴、漏现象的要及时进行维修处理或采取措施，避免污染土壤及水体。

3）施工垃圾造成的环境风险控制措施

电力建设企业要制定约束性措施，在现场检查过程中要督促提醒施工队在施工完成后及时将施工垃圾清理干净，特别在靠近水源周边的施工更应加以注意，避免污染水体，做到工完、料尽、场地清。

4）现场施工噪声造成的环境风险控制措施

电力建设企业在安排现场作业时要充分考虑作业时段，不得一味盲目追求进度而不分时段在午间休息或是深夜开展噪声较大的施工，有条件的要设置噪声监测仪。

（5）交通消防事故风险控制措施

1）交通安全风险控制措施

①电力建设企业要制定颁布车辆准驾制度，并督促执行到位，严禁未取得本单位准驾资格员工驾驶单位车辆，严禁公车私用及酒后驾驶等违规、违法行为。

②强化车辆信息化监管应用，落实出车前检查登记制度和风险分析及安全交底管理，抓实特殊环境及特殊路况的风险评估和控制，刚性落实交通违章责任人的教育、约谈，确保不发生有责任的重、特大道路交通事故。

③严格按车辆维护保养说明开展车辆维保，消除车辆安全管理的漏洞死角，严禁车辆“带病”行驶。

④加强节假日及重要活动车辆使用专项检查，进一步规范应急抢修车辆回场停放和钥匙归还管理。

⑤采取多种形式定期开展专、兼职驾驶员交通安全教育和培训，严格规范驾驶员驾驶操作和行为。

⑥开展车辆管理信息化建设，健全完善有关系统，如采取安装GPS、行车记录仪等技术手段加强使用运行管控。

2）消防安全风险控制措施

①电力建设企业要加强消防应急管理，积极开展消防安全教育宣传活动，定期开展消防培训及演练，提升员工防火意识和强化员工消防应急逃生能力。

②持续开展消防安全突出风险隐患排查与治理，扎实推进办公

场所、施工现场消防等隐患的整改。

③办公场所、施工现场及车辆需按照规定配置足额的消防灭火器材，并按月进行维护检查。

④严禁占用消防通道或堆放杂物，确保消防通道畅通无阻。

本章小结

1. 电力安全生产是指电力生产过程中保证物质和人员安全、生产活动秩序井然和防止灾害的发生及发电、输电、变电和配电四个部分的正常运行而采取的各项措施和活动。

2. 发电企业安全生产的重点是发电厂机组检修和维护过程中的安全。依据使用一次能源的不同，发电企业可以分为热力发电（火力发电）企业、水力发电企业、核能发电企业和新能源发电企业等。不同类型的发电企业，其电力生产的方式是不同的，因此，安全生产的内容与要求也是有区别的。

3. 电网企业安全包括输电安全、变电安全和配电安全。输电安全主要涉及输电线路安全标志、安全防护设备的使用、输电线路继电保护技术以及高压直流换流站的安全等内容。变电安全主要涉及变电站安全措施、特殊天气下的安全要求和其他设施的要求等内容。配电网安全的关键涉及架空线路的检修和维护、配电网带电作业安全等内容。

4. 电力客户企业用电安全生产主要涉及用电产品的安装、使用、维修及特殊场所和特殊环境条件用电安全的一般原则。

5. 电力建设施工企业安全生产主要涉及施工现场的安全、施工机械与机具使用过程中的安全、风险与管控措施等。

第四章复习思考题

一、填空题

1. 电力安全生产是指电力生产过程中保证________安全、生产活动秩序井然和防止灾害的发生及发电、输电、变电和配电四个部分的正常运行而采取的各项措施和活动。

2. 解体发电机内只能使用________照明。

3. 晶闸管高压试验前，应停止该阀塔内其他工作并撤离无关人员；试验时，工作人员应与试验带电体位保持________米以上距离。

4. 插拔插头时，应保证电气设备和电气装置处于________状态，同时人体不得触及插头的导电极，并避免对电源线施加外力。

5. 为了防止厂区人员受到过量的辐射危害，进入核电厂厂区应穿________。

6. 生产现场所有升降口、大小坑洞、楼梯和平台，应装设不低于________毫米高的栏杆。

7. 背靠背高压直流系统一侧进行空载加压试验前，应检查确认另一侧的换流变压器处于________状态。

8. 雷雨天气，需要巡视室外高压设备时，进入设备区时，不得打雨伞，应穿________。

9. 保护接地线应采用焊接、压接、螺栓联结或其他可靠方法联结，严禁________。

二、选择题

1. 排氢前发电机内铁芯温度应不超过(　　)摄氏度。

A. 20　　B. 30　　C. 40　　D. 50

2. 巡线人员发现导线、电缆断落地面或悬挂空中，应设法防止行人靠近断线地点(　　)米以内。

A. 2　　B. 4　　C. 6　　D. 8

3. 在杆塔上作业时，应使用有后备绳或速差自锁器的双控背带式安全带，当后保护绳超过(　　)米应使用缓冲器。

A. 1　　B. 2　　C. 3　　D. 4

4. 施工现场的手推车便桥的宽度不得小于(　　)米。

A. 1　　B. 1.5　　C. 3　　D. 3.5

5. 易燃、易爆及有毒物品等应分别存放在与普通仓库隔离的危险品仓库内，危险品仓库的库门应向外(　　)开，并按有关规定严格管理。安全带使用时应采用的方式。

A. 向内　　B. 向外　　C. 向上　　D. 向下

三、问答题

1. 电力生产中常见发电方式有哪几种？

2. 什么是输电线路铁塔、钢管塔和有脚钉的水泥杆上设置标志牌的内容？

3. 什么是变电站的安全措施？

第五章　典型电力安全生产事故与预防

本章学习目标

（1）了解发电企业安全生产电力事故发生的主要原因与预防措施。

（2）了解电网企业安全生产电力事故发生的主要原因与预防措施。

（3）了解电力客户用电安全生产电力事故发生的主要原因与预防措施。

（4）了解电力建设施工企业安全生产电力事故发生的主要原因与预防措施。

（5）掌握电力事故预防的三大措施。

第一节　发电企业安全生产电力事故

电力安全生产事故可以分为电力生产人身事故、电网事故、电力生产设备事故三大类。电力安全生产事故是电力企业的灾害，就事故发生所造成的后果和波及的程度来说，它会给个人、社会和国家造成巨大的损失和影响。本章主要是介绍典型的安全生产事故案例与预防措施，通过案例来强化安全工作意识，落实事故的防范措施和强化遵守安全工作规程的能动性，真正做到“预防为主”，达到“保人身、保电网、保设备”的目的。

发电企业出现的安全事故主要是由于操作人员安全意识差、思想麻痹大意，在现场误操作引起的，如电气误操作事故、机械误操作事故、监控系统误操作事故、现场作业误操作事故等。

一、四川省甘孜州关州水电站“1·12”事故

1. 事故经过

2022 年 1 月 12 日 13 时 43 分许，四川省甘孜州丹巴县关州水电站 3 号机组引水钢管闷头失效，造成水淹厂房，致 9 人死亡，直接经济损失约 4 435.5 万元。

2021 年 6 月，四川小金河公司发现 3 号机组球阀密封环损坏漏水，需返厂维修，为不影响 1 号、2 号机组正常发电，公司决定在 3 号机组引水压力钢管处安装闷头（由闷头体和带颈法兰组成），通过螺栓与引水压力钢管法兰连接固定实现临时堵水。2022 年 1 月 10 日上午，3 号机组闷头安装完成。1 月 11 日 0 时至 1 时 20 分，完成引水隧洞和压力钢管充水，闷头开始承压。1 月 12 日 1 时 15 分，2 号机组开始并网发电，并稳定运行。1 号机组处于停机消缺状态，球阀全关。

1 月 12 日 13 时 43 分 16 秒，3 号机组闷头承压 36 小时 40 分钟左右，闷头体在水压力作用下发生爆裂，并迅速向开裂点两侧发展，爆裂部分闷头体完全脱离，上游水流高速涌入厂房，短时最大流量达 282 立方米每秒，约 200.5 秒水位最高升至厂房尾水平台高程上方 1.5 米，造成正在现场进行开展 3 号机组 A 级检修作业和修补尾水管脱落混凝土作业的 9 名人员死亡。

2. 事故原因

（1）直接原因

事故的直接原因是闷头体未按照承压设备制造、检验，出现严重质量缺陷，在压力钢管内水压的作用下爆裂失效，大量水流高速涌入厂房，导致人员溺水死亡，设备及厂房受损。

1）闷头体拼焊缝设置不合理，拼焊缝未进行相应工艺处理。违反《闷头采购合同》中技术协议要求以及技术协议引用的《压力容器封头》（GB/T 25198—2010）的相关要求，将拼接焊缝设置在闷头体高应力区，且拼接焊缝坡口采取火焰切割后未进行相应热处理，拼焊后未对拼接焊缝进行打磨及退火处理，导致材料拼接焊缝区域金相组织向不利方向变化。

2）闷头体在火焰切割及热成型后快速空冷，未进行消除应力热处理。造成闷头体出现带状魏氏体和粗颗粒的贝氏体，弯曲曲率较大的区域产生气孔及未熔合等质量问题，闷头体内外表面产生微小冷裂纹，导致材料屈服强度、冲击功、层状撕裂强度等力学性能降低，闷头体易脆裂。

3）闷头体未进行焊缝层间质量控制，未按照承压设备制造要求开展无损检测。导致气孔、微小冷裂纹及未熔合等质量缺陷未能及时发现和处理。

（2）间接原因

1）四川小金河公司作为关州水电站业主单位，未履行安全生产主体责任，重效益、抢工期、违章指挥协调安装闷头。

①未落实安全生产责任制。公司董事长、总经理、分管安全副总经理等安全理念严重缺失，不履行安全生产工作职责，长期不在关州水电站现场，未组织召开过专题安全生产工作会；未落实“一岗双责”和“三管三必须”要求，安全生产责任体系不健全和组织管理混乱，安全生产管理机构形同虚设，部门负责人对工作职责和安全生产工作相互推诿；未建立安全生产会议管理、合同管理、安全生产目标管理、现场安全管理和岗位安全生产标准化操作等制度；安全教育和技术交底等流于形式，月度安全生产例会、安全教育培训等记录弄虚作假。

②安全管理不到位。未严格执行“两票三制”，未与检维修单位签订安全生产管理协议，对外包作业单位管理和检维修作业现场监管监护不到位；安全风险分级管控和隐患排查治理工作不落实，未针对边发电、边检修作业可能存在引水管或闷头爆裂等危险因素开展风险辨识，编制专项应急预案并组织演练。2020 年 6 月 17 日、2021 年 6 月 15 日，2 次拒绝丹巴县章谷镇分管领导带队到关州水电站进厂检查。

③未履行闷头采购招标业主单位责任。四川小金河公司重效益，为尽快恢复发电，在闷头生产厂家未提交无损检测、耐压强度试验、闷头验收申请报告等质量合格证明资料的情况下，抢工期，违章指挥协调非合同安装单位（四川中源公司）安装闷头，安装完

成后未组织竣工验收和安全评估，便开始充水和开启 2 号机组发电。

2）闷头质量管控缺失。

①四川小金河公司未按《闷头采购合同》中技术协议约定，要求供货方提供闷头设计图纸、制作材料、闷头制造工艺、焊接工艺评定报告、焊接工艺规程等技术文件，并进行批准或审核；未对闷头的制造过程、产品质量检测检验进行管控。

②天全新松公司未将《闷头采购合同》中技术协议约定发给供货方；擅自更改闷头体板材厚度（将设计规定的闷头体板材厚度 45 毫米改为 40 毫米）；未按技术协议和《水利水电工程压力钢管制造安装及验收规范》（DL/T 5017—2007）要求进行闷头焊接工艺评定和未编制焊接工艺方案，便组织焊工进行闷头焊接组装；未对闷头进行无损检测和强度耐压试验即交付给关州水电站，导致质量不合格的闷头进入安装使用环节。

③内江东工公司未按《闷头采购合同》中技术协议约定，对闷头设计、采购、制造、安装等各环节进行管控，导致质量不合格的闷头投入运行使用。

④金牛亿利通达经营部承接闷头体采购业务后，未要求天全新松公司（内江东工公司）提供闷头体相关技术资料和质量要求，并与刘松商议，更改闷头体板材厚度。伪造《产品质量合格证明书》《采购合同》《质量检验报告》。

⑤东盛封头公司未按闷头设计图纸标注的闷头体厚度（45 毫米）选用原材料（实测厚度为 39. 5 ~40 毫米）；未执行设计图纸标注的 3. 6 兆帕压力、《水利水电工程压力钢管制造安装及验收规范》（DL/T 5017—2007）等要求的闷头体由 Q345R 整张钢板冲压成型，而按照常压工艺和钢板拼焊方式制造闷头体；未按闷头设计图纸标注的《厚钢板超声检测方法》（GB/T 2970—2016）进行无损检测、强度耐压试验，导致质量不合格的产品出厂。

3）闷头采购招标投标，相关企业违法违规行为突出。

①四川小金河公司将闷头设计、制造、安装发包给不具备招标文件要求资质条件的单位。2021 年 11 月，公司采取邀请招标方式，

向各相关方制发了《关州水电站 3 号机组引水钢管闷头采购合同询价文件》，询价文件要求投标人须具有压力容器生产制造许可 A2 级以上资质等资格条件，但参与投标的天全县和源机电设备修制厂、内江东工公司等均不具备招标文件要求的资质，虽经公司层层审核，仍将内江东工公司确定为中标单位；默许天全新松公司以内江东工公司名义承揽闷头设计、制造、安装业务并层层转包采购。

②天全新松公司未建立安全生产管理责任体系和安全生产规章制度；违法违规借用内江东工公司营业执照、水工金属结构全国工业产品生产许可证以及安全生产许可证等资质，组织实施四川小金河公司 3 号机组引水压力钢管闷头设计、采购、制造、安装等工作；让天全县和源机电设备修制厂参与四川小金河公司 3 号机组引水压力钢管闷头采购项目竞标，涉嫌“围标”；在合同执行过程中层层转包，借用内江东工公司名义与金牛亿利通达经营部签订《管件购销合同》。

③内江东工公司与四川小金河公司签订《闷头采购合同》后，与不具备相关资质的天全新松公司签订《四川小金河水电开发有限责任公司闷头采购合同》，违规将水工金属结构全国工业产品生产许可证以及安全生产许可证等资质租借给天全新松公司，并收取出借资质费用。

④金牛亿利通达经营部超核准范围承接闷头体采购业务，并违规转包给东盛封头公司；未按设计图纸标注的要求采购闷头体；私刻印章和伪造《带颈法兰产品质量合格证明书》《闷头体采购合同》《闷头体质量检验报告》。

4）地方党委政府和有关部门安全监管不到位。地方党委政府和有关部门未牢固树立安全发展理念，履行安全生产“党政同责、一岗双责”“行业监管”“属地管理”不到位，对安全生产“三管三必须”认识有偏差，“三定方案”职能职责划分不明确。电力安全监管边界不清、职责不明，相互推诿扯皮，存在监管空档。安全监管能力薄弱，安全检查流于形式，未对水电行业安全生产进行重点监管。

3. 防范措施

（1）提高政治站位，切实增强责任感、紧迫感

甘孜州各级各部门务必要把安全生产摆在重要位置，切实把思想统一到党中央要求上来，认真贯彻落实省委、省政府和应急部决策部署，牢固树立安全发展理念，始终坚持人民至上、生命至上，切实增强责任感、紧迫感，时刻绷紧安全生产这根弦，以高度的政治自觉和极端负责的态度抓紧抓实安全生产工作，坚决扛起“促一方发展、保一方平安”的政治责任。

（2）压实各方责任，切实消除安全监管盲区

各水电站企业要全面梳理股权状况、完善法人治理结构，建立健全内部管理制度及岗位操作规程，构建安全风险分级管控和隐患排查治理双重预防机制，全面落实全员安全生产责任制。要加强外包作业安全管理，与承包单位、承租单位签订安全生产管理协议，明确各自的安全生产管理职责，坚决杜绝层层转包、违法分包和以包代管。各级行业管理部门要严格落实“三管三必须”要求，厘清职责边界、明确部门职责分工，强化全过程安全监管监控，形成共治合力，坚决堵塞行业领域安全监管漏洞。甘孜州党委政府、丹巴县党委政府要始终坚持“党政同责、一岗双责、齐抓共管、失职追责”，把水电站安全生产纳入地方安全生产重点工作，厘清电站建设、电力生产、电网运行等各环节安全监管责任，消除监管盲区。要切实发挥考核、巡查的“指挥棒”作用，多措并举用好“两书一函”、“三单一书”、警示曝光等“组合拳”，推动《地方党政领导干部安全生产责任制规定》落到实处。

（3）开展专项整治，保持严管重罚高压态势

甘孜州党委政府、丹巴县党委政府要针对关州水电站透水事故暴露的突出问题，全面加强水电站安全生产工作，持续开展本地水电行业安全生产专项整治。要根据实际情况制定专项整治方案，逐一对本地水电站开展全方位“体检”，全面排查安全隐患，建立隐患整治清单，严格执行责任、资金、措施、时限、预案“五落实”要求，闭环管理、彻底整治。有关部门要按照“全覆盖、零容忍、严执法、重实效”要求，对本地水电站在建工程、发电企业及电力

设施开展安全生产联合检查，做到不漏一企一站。对不符合安全生产条件的水电站要立即停止生产督促整改，整改达标并按规定通过验收合格后方可恢复生产，对整改后仍然不符合安全生产条件的，由属地政府依法依规严肃处理。

（4）强化风险管控，提升水电站本质安全水平

水电站企业要严格落实风险分级管控和隐患排查治理双重预防机制，对水电站生产工艺、设备设施检维修等关键环节和发电厂房、引水隧洞、调压井、球阀、闷头等重要区域及设备设施存在的安全风险进行辨识，编制专项应急预案和现场处置方案，开展应急预案培训演练，确保发生突发事件能够快速响应和处置。要强化对球阀、闷头等关键部位、重要环节的风险评估和专项审批，强化全过程安全管控。要严格执行工作票、操作票和交接班制、巡回检查制、设备定期试验轮换制“两票三制”，大力推动安全达标建设，做到安全投入、安全培训、基础管理和应急救援“四到位”，切实提升水电站本质安全水平。要认真落实从业人员“三级安全培训教育”制度，保证具备本岗位安全操作、应急处置等知识和技能。要强化警示教育培训，以案为鉴，切实做到“一厂出事、万厂受教育”。

（5）举一反三，全面加强安全生产工作

甘孜州各级各有关部门要注重水电站的安全监管和指导服务，加强水电行业的管理规范、现场规范、操作规范的深入研究，督促完善安全生产管理制度和标准规范，寓监管于服务，以服务促发展，实现安全与发展共赢。巩固提升道路交通、建筑施工、矿山、消防、城镇燃气等重点行业领域的安全生产专项整治三年行动成果，认真开展隐患排查治理“回头看”，坚决消除各类重大安全隐患，全面落实安全生产三年行动计划，确保安全生产形势总体稳定，有效杜绝重特大生产安全事故。

二、托克托电厂“10·25”三台机组跳闸事故

2005 年 10 月 25 日 13 时 52 分，内蒙古大唐托克托发电有限责任公司发生一起因天津维护人员作业随意性大、擅自扩大工作范

围，危险点分析不足，误将交流电接入机组保护直流系统，造成运行中的三台机组、500 千伏两台联络变压器全部跳闸的重大设备事故。

1. 事故前后的运行状况

全厂总有功 1 639 兆瓦，1 号机有功：544 兆瓦；2 号机小修中；3 号机停备；4 号机有功：545 兆瓦；5 号机有功：550 兆瓦；托源一线、托源二线、托源三线运行；500 千伏双母线运行、500 千伏 1 号联变、2 号联变运行；500 千伏第一串、第二串、第三串、第四串、第五串全部正常方式运行。事故时各开关动作情况：5011 分位，5012 分位，5013 合位，5021 合位，5222 分位，5023 合位，5031、5032、5033 开关全部合位，5041、5042、5043 开关全部分位，5051、5052、5053 开关全部分位；5011、5012、5022、5023、5043 有单相和两相重合现象。10 月 25 日 13 时 52 分 55 秒“500 千伏 Ⅰ BUS BRK OPEN”“GEN BRK OPEN”软报警，1 号机组甩负荷，转速上升；发电机跳闸、汽机跳闸、锅炉 MFT 动作。发变组 A 屏 87G 动作，发电机差动、过激磁报警，厂用电切换成功；4 号机组 13 时 53 分，汽机跳闸、发电机跳闸、锅炉 MFT 动作。发跳闸油压低、定冷水流量低、失全部燃料。检查主变跳闸，起备变失电，快切装置闭锁未动作，6 千伏厂用电失电，各低压变压器高低压侧开关均未跳开，手动拉开；5 号机组 13 时 53 分，负荷由 547 兆瓦降至 523 兆瓦后，14 秒后升至 596 兆瓦协调跳。给煤机跳闸失去燃料 MFT 动作。维持有功 45 兆瓦，13 时 56 分汽包水位高，汽轮发电机跳闸，厂用电失去，保安电源联启。经过事故调查技术组初步确定事故原因和现场设备试验后，确认主设备没有问题机组可以运行后，经请示网调许可，4 号机组于 26 日 16 时 43 分并网，5 号机组于 28 日 15 时 09 分并网，1 号机组于 28 日 15 时 15 分并网。

2. 事故经过

化学运行人员韦某等人在进行 0. 4 千伏 PC 段母线倒闸操作时，操作到母联开关摇至“实验”位的操作项时，发现母联开关“分闸”储能灯均不亮，联系天津维护项目部的冯某处理，13 时 40 分左右天津维护冯某在运行人员的陪同下检查给排水泵房 0.4 千伏 PC 段母联开关的指示灯不亮的缺陷，该母联开关背面端子排上面有 3 个电源端子排（带熔断器 RT14-20），其排列顺序为直流正、交流电源（A）、直流负，由于指示灯不亮冯某怀疑是电源有问题并且不知道中间端子是交流，于是用万用表（直流电压挡）测量三个端子中间的没有电（实际上此线为交流电，此方式测量不出电压），其他两个端子有电，于是冯某简单认为缺陷与第二端子无电有关，于是便用外部短路线将短路线（此线在该处线把内悬浮两端均未接地）一端插接到第三端子上（直流负极），另一端插到第二端子上（交流 A）以给第二端子供电并问运行人员盘前指示灯是否点亮，结果还是不亮（实际上这时已经把交流电源同入网控的直流负极，造成上述各开关动作，1 号、4 号机组同时跳闸，5 号机组随后跳闸），冯某松开点接的第二端子时由于线的弹性，该线头碰到第一端子（直流正极）造成直流短路引起弧光将端子排烧黑，冯某将端子排烧黑的地方简单处理一下准备继续检查，化学运行人员听到有放电声音，并走近看到有弧光迹象便立即要求冯某停止工作，如果进行处理必须办理工作票，此时化学运行人员接到有机组跳闸的信息，便会同维护人员共同回到化学控制室。

3. 原因分析

（1）技术组专家通过对机组跳闸的各开关动作状态及相关情况进行综合分析，初步推断为直流系统混入交流电所致。经在网控 5052 开关和 5032 开关进行验证试验。试验结果与事故状态的开关动作情况相一致。确定了交流串入直流系统是造成此次事故的直接（技术）原因。

（2）天津维护人员工作没有携带端子排接线图，对端子排上的接线方式不清楚，危险点分析不足、无票作业，凭主观想象，随意动手接线，是造成此次事故的直接原因。

4. 事故暴露的主要问题

（1）天津蓝巢电力检修公司工作人员检修安全及技术工作不规范，技术水平低，在处理给排水泵房 0.4 千伏 PC 段母联开关的指示灯不亮的缺陷时，使用万用表的直流电压挡测量接线端子的交流量，并短接端子排接线，使交流接入网控直流控制回路，最终造成此次事故。

（2）天津蓝巢电力检修公司的安全管理、技术管理存在漏洞，工作人员有规不循，安全意识薄弱，检查缺陷时未开工作票，没有监护人，对检修工作中的危险点分析有死角；对设备系统不熟悉，在二次回路上工作未带图纸核对，人员培训存在差距。天津蓝巢电力检修公司安全生产责任制落实存在盲点。

（3）托克托电厂在对外委单位管理存在差距，对外委单位工作人员的安全及技术资质审查不力，未尽到应有的职责对其进行必要的安全教育培训，对外委单位人员作业未严格把关，未严格执行生产上的相关规定。

（4）直流系统设计不够完善。此接线端子的直流电源由500千伏1号网控的直流电源供给，网控直流接引到外围设备（多台机组、网控保护直流与外围附属设备共用一套直流系统），交直流端子交叉布置并紧挨在一起，存在事故隐患，使得直流系统的本质安全性差，抵御直流故障风险的能力薄弱。

（5）托克托电厂在盘柜接线不合理以及遗留短接线等问题未及时发现并未及治理，反映出设备管理不到位。虽然已经制定了防止500千伏系统全停的措施并下发，对交直流不能混用的问题已经列为治理项目，但工作责任分解还未完成，未将生产现场所有可能引起交流串入直流的具体检修作业点进行分析，反映出基础工作薄弱。

（6）在运行人员带领下维护人员检查确认缺陷时，运行人员对维护人员的工作行为没有起到监督作用，运行人员对电气专业工作规范不清楚，对管辖设备基本工作状态不清，充分说明运行人员的自身学习与培训教育工作不到位。

5. 防范措施

（1）托克托电厂对生产、基建现场直流系统进行摸底检查，从设计、安装、试验、检修管理上查清目前全厂直流系统的状况，分系统、分等级对交流可能串入直流系统及造成的影响进行危险点分析及预控制，制定出涉及在直流系统上工作的作业指导书。

（2）交直流电源在同一盘柜中必须保证安全距离、隔离措施到位，交流在上，直流在下，且有明显提示标志，能立即改造的及时进行改造，不能改造的做清标记、做好记录，避免交流串入直流。组织所有电气和热工人员包括外来维护人员、运行人员，认真学习交流串入直流回路造成保护动作的机理和危害的严重性，要大力宣传保证直流系统安全的重要性和严肃性。

（3）加强直流系统图册管理，必须做到图纸正确、完整，公司、部门、班组要按档案管理的标准存档，有关作业人员要人手一册。

（4）凡是在电气二次或热工、热控系统回路上的工作，必须使用图纸，严格对照图做工作，没有图纸严禁工作，违者按“违章作业”给予处罚。

（5）在热工和电气二次回路上工作（包括检查），必须办理工作票，做好危险点分析预防措施，在现场监护下工作。进行测量、查线、倒换端子等二次系统工作逐项监护，防止出错。

（6）加强检修电源的使用和管理。在保护室、电子间、控制盘、保护柜等处接用临时工作电源时必须经公司审批，措施到位后方可使用。在上述区域任何施工用电一律从试验电源插座取用，工作票上要注明电源取自何处。

（7）检查各级直流保险实际数值的正确性，接触的良好性，真正做到逐级依次向下，防止越级熔断，扩大事故。

（8）对网控等主机保护直流接到外围设备的情况进行排查，发现问题要安排整改。

（9）各单位、部门再次检查安全生产责任制是否完善、每一项工作、每台设备是否都已明确到人，尤其公用外围系统化学、输煤、除灰、水厂等系统的管理，避免存在死角。

（10）托克托电厂各部门加强对外委单位（包括短期的小型检修、施工，长期的检修维护、运行支持）的全过程管理，对外委单位安全及技术资质、对其作业的安全措施、人员的安全技术水平进行严格审查，进行必要的安全教育培训并要求其考试合格后上岗。各部门严格履行本部门、本岗位在外委单位安全管理的职责。不能以包代管，以问代考。对其安全及技术资质一定要进行严格审查，并进行必要的安全教育培训及考核。同时，对于每一项外包工程作业，必须派出专职的安全监护人员，全程参与其作业过程。

（11）要严格履行两票管理规定，杜绝人员违章，从危险预想、写票、审票、布置安全措施、工作票（操作票）执行等各环节严格把关，严禁以各种施工通知、文件、措施来代替必要的工作票制度，严禁任何人员无票作业或擅自扩大工作范围。对五防闭锁装置进行一次逻辑梳理，发现问题及时整改。

第二节　电网企业安全生产电力事故

在电网企业存在的安全事故主要是工作人员安全意识、技术素质不到位造成的，同时操作设备的定时检修和替换也是防止此类事故发生的重要途径。在电网企业，工作人员必须严格按照相关规定进行操作，防止意外情况发生。

一、广西电网公司柳州供电局“1·7”运行巡维人员触电死亡事故

1. 事故描述

2015 年 1 月 7 日，柳城公司按照计划开展 35 千伏凤山站（无人值守站）1 号、2 号主变停电预试和新建 35 千伏沙凤线母线侧隔离刀闸接入 35 千伏母线工作。35 千伏凤糯线 323 开关及刀闸，上凤线 324 开关及刀闸，35 千伏母线和 1 号、2 号主变、10 千伏母线及各出线停电；35 千伏凤糯线、上凤线线路带电。

6 时 40 分，巡维班在凤山站召开班前会（共 5 人，含 1 名实习人员），值长林某花交待当天的操作任务、停送电工作注意事项，告知 35 千伏凤糯线、上凤线线路侧带电。6 时 50 分，林某花和运行人员邓某、周某军和姚某红（死者，女，39 岁，正值值班员）按照调度令执行停电倒闸操作。8 时 55 分，电气倒闸操作完毕，按工作票要求在 1 号、2 号主变及沙凤线母线侧刀闸接入工作现场设置了安全围栏。8 时 57 分，林某花分别许可 1 号、2 号主变预试及

新建35千伏沙凤线隔离开关母线侧电缆连接35千伏1号母线工作等三张工作票。9时34分，姚某红（凤山站设备台账负责人）为完善凤山站设备台账，在未告知值长林某花的情况下，自行前往设备区抄设备铭牌信息，并要求巡维班实习人员陈某奴（2014年10月分配到该班组）到现场帮助扶梯。9时45分，姚某红在完成10千伏电容器铭牌信息抄录后，前往相邻的35千伏凤糯线线路侧避雷器抄铭牌信息。9时46分，姚某红将梯子搭在避雷器支架后，随即向上攀爬准备抄中相避雷器铭牌信息（铭牌在避雷器顶部），攀爬过程中，避雷器带电部位对姚某红放电，姚某红触电坠落地面。事故发生后，现场人员对姚某红进行心肺复苏急救，并拨打120电话。15时10分，姚某红在柳州市柳钢医院经医务人员抢救无效死亡。

2. 事故原因及暴露问题

（1）变电站运行巡维人员对站内设备带电状况不清楚，自我保护意识淡薄，缺乏风险防范意识，违规攀登设备台架。

（2）班前会流于形式，对班组成员当天要开展的工作情况不清楚，工作计划缺乏统筹，安全事项交底不严肃、不认真，未能确保所有人员都全面理解、掌握现场作业安全风险状况。

（3）变电站安全措施不完善，未将带电设备与停电设备进行有效隔离。

3. 防范措施

（1）加强现场工作人员安全教育，强化现场工作的组织纪律，加强现场安全措施的落实。

（2）各班组长、工作负责人要切实履行职责，开好班前、班后会，掌握班组成员的工作任务和动向，组织协调好各项工作，对于安全措施、停电范围等重点内容，要对与会人员进行效果抽查考问，确保入心入脑，防止流于形式。

（3）各单位负责人要时刻绷紧安全生产这根弦，清醒认识到当前防范人身事故工作的严峻形势，强化对《电力安全工作规程》等安全生产规章制度刚性执行，杜绝“违章、麻痹、不负责任”等现象。

二、云南电网公司昆明供电局“10·17”人身死亡事故

1. 事故经过

2014年10月17日，云南电网公司昆明供电局在35千伏舍块变电站预试定检作业准备过程中，发生1起人身触电事故，造成1人死亡。

7时57分，运行值班人员王某、杨某按照当天的停电检修申请进行了倒闸操作。8时03分，杨某操作将10千伏Ⅰ段母线电压互感器0901隔离开关手车退出柜外（该手车退出柜外后，TV随手车退出柜外，但PB接于柜体下部，并未随TV退出）。事后询问杨某，其承认当时已意识到PB未退出柜外，但不清楚PB是否带电。9时00分左右，试验一所现场管理人员张某毅、赵某森（死者）等7人（试验班共4人，其中3人为2013年7月新进员工，2014年7月转正，另1人具备工作负责人资质；检修班2人，2人均具备工作负责人资质）到达舍块变电站。9时50分，运行值班人员王某及试验一所张某毅（现场管理人员）、张某锋（工作负责人）共3人在主控室内讨论安全措施布置，此时工作票尚未开具。试验一所赵某森、叶某义2人在10千伏高压室内准备工作所需要使用的工器具，其余2人在车内等候。值班员杨某到10千伏高压室查看是否满足工作条件。杨某来到10千伏高压室，看到赵某森、叶某义等2名试验一所人员在高压室做准备工作，杨某便叫赵某森到10千伏Ⅰ段母线TV柜，查看避雷器是否具备试验条件。9时53分左右，叶某义站在10千伏Ⅰ段母线TV柜正面查看，杨某与赵某森共同到10千伏Ⅰ段母线TV柜后门处。查看过程中，赵某森蹲着用扳手拆卸掉背板螺丝，杨某在其背后站着看，背板螺丝拆卸完后，杨某将电磁锁解锁钥匙交给赵某森，赵某森打开了10千伏Ⅰ段母线TV柜背板上的电磁锁并打开后柜门。10时01分，值班员杨某掉头取绝缘手套及验电器，准备对设备验电。与此同时，赵某森伸头进入开关柜内查看，头部与带电的10千伏Ⅰ段母线至A相避雷器手车支柱绝缘子连接螺栓安全距离不足引起触电。10时02分，运行人员紧急断开10千伏云坪线054断路器，10千伏Ⅰ、Ⅱ段母

线停电。现场人员拨打120急救电话。10时40分，医务人员到达事发地点，经医生查看，宣布赵某森死亡。

2. 事故原因分析

（1）直接原因

运行人员在不清楚开关柜下部是否带电的情况下，默许检修试验人员拆卸TV柜背板螺丝，并将解锁钥匙递给检修人员打开柜门。作业人员查看设备时，头部与带电的10千伏Ⅰ段母线至A相避雷器手车静触头连接螺栓安全距离不足引起触电。

（2）间接原因

①运行人员与检修试验人员均不熟悉现场TV柜结构与原理，不清楚该项工作不需要打开后柜门即可开展。

②检修试验人员在打开后柜门查看设备的过程中，运行人员未及时告知检修试验人员不准将头伸入柜体内查看设备。

③工作负责人对工作班成员的管控缺失，不掌握工作班成员的动向。

④图实不符，现场避雷器为独立式手车，而后台、五防、施工图纸、竣工图纸上的避雷器与电压互感器共用一个手车，且避雷器手车无编号。

3. 暴露问题

（1）运行人员对管辖设备不熟悉，人员履职错位

运行人员对所管辖设备的构造、原理不熟识，对设备带电范围不掌握；试验人员和运行人员的工作职责界面不清，非工作许可人的运行人员指挥非工作负责人的试验人员核实安全措施是否满足实际需要。

（2）现场工作组织不合理，未严格执行“两票三制”

试验班4人中3人为2013年7月新进员工，2014年7月刚转正，另1人具备工作负责人资质，致使工作负责人1人监护3名工作，未能管理和监护好工作班成员；在工作票未开出前，运行人员通知不熟悉情况的工作班成员到现场查看，并让其打开后盖。

（3）是对员工业务技能、安全知识、工作组织纪律培训不足

员工对所管辖设备不熟悉、不清楚，对工作现场工作组织工作

纪律等要求的培训不足，现场自我安全保护意识不足，现场的危险因素认识不足，缺乏“三不伤害”保护意识。

（4）作业风险评估不全面

试验一所试验一班在编制10月作业风险控制清单时，仅依据基准风险评估，将10千伏母线PT、PB试验项目评估为低风险作业，未针对新变电站、新设备、新员工等情况进行动态风险评估，导致风险评估结果与现场实际不一致，风险管控措施无法保证作业安全。

4. 预防措施

（1）加强作业计划管控

各部门、各项目部在梳理作业计划时，按南方电网公司基建安全“四步法”要求，做实做细风险辨析与预防、安全施工作业票、作业指导书、站班会。施工作业前的现场勘查、风险辨析与控制，临近带电设备作业时的安全措施落实，不能出现任何疏漏。要把现场勘查作为安全组织措施中不可或缺的部分，把作业人员作为风险辨析与控制的重要因素加以动态评估。

（2）加强施工人员的安全教育

加强施工人员的安全教育，特别时基建工程中大量的新员工、临时用工，让施工人员明确作业过程中的作业岗位、作业任务、作业方法、作业分工、作业技术要求、作业危害、作业风险等级及控制措施。

（3）严格落实电力施工中的“图实相符”

从设备物资采购、技术协议签订、到货验收、施工安装、交接验收等环节，对“图实相符”严格把控、不留死角，杜绝“图实不符”情况发生。

三、国网上海电力220千伏同济变电站人身触电事故

2013年10月19日，国网上海电力检修公司在进行220千伏同济变电站35千伏开关柜大修准备工作时，发生人身触电事故，造成1人死亡、2人受伤。

1. 事故前运行方式

事故前，220千伏同济变电站35千伏三段母线、2号主变35

千伏三段开关在检修状态，2 号主变及 35 千伏四段开关在运行状态，2 号主变 35 千伏三段开关变压器侧带电。35 千伏备 24 柜开关线路检修，2 号站用变检修，35 千伏三段母线上其他回路均为冷备用，35 千伏一段、二段、四段母线及出线在运行状态，35 千伏一/四分段开关在热备用状态、35 千伏二/三分段开关在冷备用状态。

2. 事故经过

10 月 19 日，国网上海电力检修公司变电检修中心变电检修六组组织厂家对 220 千伏同济变电站 35 千伏开关柜做大修前的尺寸测量等准备工作，当日任务为“2 号主变 35 千伏三段开关柜尺寸测绘、35 千伏备 24 柜设备与母线间隔试验、2 号站用变回路清扫”。工作班成员共 8 人，其中国网上海电力检修公司 3 人，卢某（伤者）担任工作负责人；设备厂家技术服务人员陈某、林某（死者）、刘某（伤者）等 5 人，陈某担任厂家项目负责人。

9 时 25 分至 9 时 40 分，国网上海电力检修公司运行人员按照工作任务要求实施完成以下安全措施：合上 35 千伏三段母线接地手车、35 千伏备 24 线路接地刀闸，在 2 号站用变 35 千伏侧及 380 伏侧挂接地线，在 35 千伏二/三分段开关柜门及 35 千伏三段母线上所有出线柜加锁，挂“禁止合闸、有人工作!”的标志牌，邻近有电部分装设围栏，挂“止步，高压危险!”的标志牌，工作地点挂“在此工作”的标志牌，对工作负责人卢某进行工作许可，并强调了 2 号主变 35 千伏三段开关柜内变压器侧带电。

10 时左右，工作负责人卢某持工作票召开站班会，进行安全交底和工作分工后，工作班开始工作。在进行 2 号主变 35 千伏三段开关柜内部尺寸测量工作时，厂家项目负责人陈某向卢某提出需要打开开关柜内隔离挡板进行测量，卢某未予以制止，随后陈某将核相车（专用工具车）推入开关柜内打开了隔离挡板，要求厂家技术服务人员林某留在 2 号主变 35 千伏三段开关柜内测量尺寸。

10 时 18 分，2 号主变 35 千伏三段开关柜内发生触电事故，林某在柜内进行尺寸测量时，触及 2 号主变 35 千伏三段开关柜内变压器侧静触头，引发三相短路，2 号主变低压侧、高压侧复压过流保护动作，2 号主变 35 千伏四段开关分闸，并远跳 220 千伏浏同

4244线宝浏站开关，35千伏一/四分段开关自投成功，负荷无损失。林某当场死亡，在柜外的卢某、刘某受电弧灼伤。2号主变35千伏三段开关柜内设备损毁，相邻开关柜受电弧损伤。

3. 事故原因及暴露问题

（1）现场作业严重违章

在2号主变带电运行、进线开关变压器侧静触头带电的情况下，现场工作人员错误地打开35千伏三段母线进线开关柜内隔离挡板进行测量，触及变压器侧静触头，导致触电事故，暴露出工作负责人未能正确安全地组织工作，现场作业人员对设备带电部位、作业危险点不清楚，作业行为随意，现场安全失控。

（2）生产准备工作不充分

国网上海电力检修公司在作业前未与设备厂家进行充分有效的沟通，对设备厂家人员在开关柜测量的具体工作内容、工作方法了解不充分，现场实际工作内容超出了安全措施的保护范围，而且对进入生产现场工作的外来人员安全管理不到位，没有进行有效的安全资质审核，生产管理和作业组织存在漏洞。

（3）风险辨识和现场管控不力

事故涉及的工作票上电气接线图中虽然注明了带电部位，但工作票“工作地点保留带电部分”栏中，未注明开关柜内变压器侧为带电部位，暴露出工作票审核、签发、许可各环节把关不严。工作负责人未能有效履行现场安全监护和管控责任，对不熟悉现场作业环境的外来人员，没能针对性地开展安全交底，未能及时制止作业人员不安全行为。

四、河北衡水供电公司220千伏衡水变电站35千伏带地线送电事故

1. 事故描述

衡水站35千伏配电设备为室内双层布置，上下层之间有楼板，电气上经套管连接。2009年2月27日，进行2号主变及三侧开关预试，35千伏Ⅱ母预试，35千伏母联开关的301-2刀闸检修等工作。工作结束后在进行“35千伏Ⅱ母线由检修转运行”操作过程

中，21 时 07 分，两名值班员拆除 301-2 刀闸母线侧地线（编号 20），但并未拿走而是放在网门外西侧。21 时 20 分，另两名值班员执行“35 千伏母联 301 开关由检修转热备用”操作，在执行 35 千伏母联开关 301-2 刀闸开关侧地线（编号 15）拆除时，想当然认为该地线挂在 2 楼的穿墙套管至 301-2 刀闸之间（实际挂在 1 楼的 301 开关与穿墙套管之间），即来到位于 2 楼的 301 间隔前，看到已有一组地线放在网门外西侧（由于楼板阻隔视线，看不到实际位于 1 楼的地线），误认为应该由他们负责拆除的 15 号地线已拆除，也没有核对地线编号，即输入解锁密码，以完成五防闭锁程序，并记录该项工作结束，造成 301-2 刀闸开关侧地线漏拆。21 时 53 分，在进行 35 千伏 Ⅱ 母线送电操作，合上 2 号主变 35 千伏侧 312 开关时，35 千伏Ⅱ母线母差保护动作跳开 312 开关。

2. 事故原因及暴露问题

（1）现场操作人员在操作中未核对地线编号，误将已拆除的 301-2 母线侧接地线认为是 301-2 开关侧地线，随意使用解锁程序，致使挂在 301-2 刀闸开关侧的 15 号接地线漏拆，是造成事故的直接原因。

（2）设备送电前，在拆除所有安全措施后未清点接地线组数，也没有到现场对该回路进行全面检查，把关不严，是事故发生的主要原因。

（3）该站未将跳步密码视同解锁钥匙进行管理，致使值班员能够随意使用解锁程序，使五防装置形同虚设，是事故发生的又一重要原因。

（4）操作票上未注明地线挂接的确切位置，未能引导另外一组工作人员到达地线挂接的准确位置；由于楼板阻隔视线，看不到实际位于 1 楼的地线，加之拆除的 301-2 刀闸母线侧地线没有拿走，而且就放在网门前，造成了后续操作人员判断失误，是事故发生的重要诱因。

3. 防范措施

（1）严格执行防止电气误操作安全管理有关规定，加强倒闸操作管理，严格执行“两票三制”，严肃倒闸操作流程，按照操作顺序准确核对开关、刀闸位置及保护压板状态。

（2）认真执行装、拆接地线的相关规定，做好记录，重点交代。

（3）严格解锁钥匙和解锁程序的使用与管理，杜绝随意解锁、擅自解锁等行为。

（4）加大对作业现场监督检查力度，确保做到人员到位、责任到位、措施到位、执行到位。

第三节　电力客户用电安全生产电力事故

电力客户的用电安全乃是电力安全的重中之重，实际上由于用电人的安全意识严重缺乏造成的安全事故数不胜数。

一、无保护接地或接零措施导致的触电死亡事故

1. 事故经过

陈某上班后清理场地，由于电焊机绝缘损坏使外壳带电，从而与在电气上联成一体的工作台也带电，当陈某将焊接好的钢模板卸下来时，手与工作台接触，即发生触电事故，将陈某送往医院，经抢救无效死亡。

2. 原因分析

（1）由于电焊机的接地线过长，在前一天下班清扫场地时被断开，电焊机绝缘损坏，外壳带电，所以造成单相触电事故。

（2）电气管理不严，缺乏定期检查。

3. 事故教训及防范措施

（1）接地或接零线是保证用电人员安全的生命线。当移动电器外壳带电时，若采用了保护接地或保护接零，就能使线路上的漏电保护器、自动开关或熔断器动作或熔断，自动脱离电源，从而保证人身安全。

（2）在安装漏电保护器后的移动电器和线路也不能撤掉保护接地或保护接零的措施。

二、带电搬移电器设备触电事故

1. 事故经过

2007 年 5 月的某天，某队工作面延伸，对电器设备进行搬移，经班会安排电工张某和李某负责电气设备的搬移工作，电工张某和李某在没有停电的情况下就往前拽电缆，这时跟班队长从旁边经过，问停电了没有，张某说：“没事儿。”于是接着往前搬移，当把设备搬移到位，开始挂电缆时，由于电缆绝缘层有破损，致使正在挂电缆的李某触电，造成事故。

2. 事故原因分析

（1）电工张某和李某安全意识淡薄，没有停电就进行开关搬移，并且不听劝阻，严重违反操作规程，是造成事故的直接原因。

（2）跟班队长发现张某和李某违章，没有及时强行制止，现场安全管理不到位，是造成事故的间接原因。

3. 事故责任划分

（1）电工张某和李某违章带电搬移设备，对事故负直接责任。

（2）跟班队长发现违章没有及时制止，对事故负主要责任。

（3）队长负领导责任，书记负安全教育不到位责任。

4. 事故防范措施

（1）在进行检修或搬迁电气设备前必须切掉电源。

（2）井下施工必须制定详细的施工安全技术措施。

（3）加强业务技能学习，提高自身素质。

（4）加强互保联保以及自主保护意识。

三、带电作业触电事故

1. 事故经过

2007 年 11 月 13 日，王某发现单位会议室日光灯有两个不亮，于是自行修理。他将桌子拉好，准备将日光灯拆下检查是哪里出了毛病，在拆日光灯过程中，用手拿日光灯架时手接触到带电相线，被电击，由于站立不稳，从桌子上掉了下来。

2. 事故原因分析

（1）王某安全思想意识淡薄，维修电器时没有采取必要的防范措施，带电作业，也没有使用任何工具，是造成事故的直接原因。

（2）王某独自操作，没有人监护，是事件发生的间接原因。

3. 事故责任划分

（1）王某安全意识淡薄，在没有维修工具且带电的情况下维修日光灯，对事故负主要责任。

（2）单位会议室内日光灯损坏，领导没有及时发现并联系服务公司维修，对事故负领导责任。

4. 事故防范措施

（1）加强对安全知识的学习提高安全意识。

（2）操作、维护电气线路及设备时，要严格执行停送电制度。

（3）正确使用防护用品、工具，不独立作业，要做到“一人监护、一人作业”。

四、违章操作造成触电死亡事故

1. 事故经过

2006 年 6 月 16 日晚上 7 时 15 分某公司车间 B 线白班生产已经结束，当日洗瓶机生产结束时间为 18 时 14 分，装箱机结束时间为 19 时 10 分，该线维修班已全面进入各机台清理卫生和设备维护、保养阶段。因为根据生产部安排该线夜班生产时间于 20 时整开始，故留给维修班的工作时间较短。维修班长根据车间要求安排维修电工李某到该线洗瓶机前捡烂口瓶岗位安装一台挂壁式风扇。该风扇的悬挂固定装置在安装之前已经安装好，故本次安装只需将风扇电源线接通即可使用。该名电工到达作业现场后先将风扇挂在固定座上，由于装设风扇的输瓶线离地面高约 1.55 米，再加上装设风扇的固定座，总的高度约 1.85 米，要顺利操作必须登高，而装风扇的岗位处正好有一只铁座椅，而其踏脚座离地面也只有 30 厘米左右，于是该电工便站在座椅的踏脚座上进行操作。由于控制电源离操作位置相对较远，该电工为图方便便在该岗位的检验灯上面没有停电而直接跨接电源线，在操作时造成触电，由于倒地时其头部后脑勺着地造成致命伤害，经抢救无效死亡。

2. 事故原因分析

（1）操作工在带电跨接电源线过程中，手部碰及裸露的电线而发生触电，是造成这起事故发生的直接原因。

（2）操作工在工作中违反《安全操作规程》和安全用电的有关要求，没有及时采取停电而违规带电操作，同时在操作中没有按要求穿绝缘鞋是造成这起事故发生的主要原因。

（3）现场安全管理存在漏洞，对员工安全教育不够，是造成这起事故发生的管理原因。

第四节 电力建设施工企业安全生产电力事故

一、蒙西-晋中特高压交流输变电工程(7 标段)“5·11”抱杆倾倒较大事故

1. 事故经过

2020 年 5 月 11 日 14 时，吕梁市交城县境内蒙西-晋中特高压交流输变电工程（7 标段）施工过程中，发生一起抱杆倾倒较大事故（以下简称“5·11”事故），造成 3 人死亡，直接经济损失 449 万元。

2020 年 2 月 28 日，蒙西－晋中特高压交流输变电工程（7 标段）项目部严格落实“疫情”防控措施，办理完成复工复产手续。5 月 3 日，湖南源昌电力建设有限公司由贺某平组织，梁某带队的 21 人施工队从四川、贵州地区来到山西省吕梁市交城县。5 月 5—9 日，接到施工项目部关于做好组塔前期准备工作的通知后，组塔班班长梁某带领班组人员于湖南送变电工程有限公司施工项目部材料站管理员彭某强处领取了抱杆、钢丝绳等施工工器具。5 月 10 日，班长梁某、贺某平（高处作业人员）在未和施工项目部办理进场手续且 5L059K 桩位（经度 111.874°，纬度 37.676°，海拔高度 1 700 米）塔材未到的情况下擅自组织 5L059K 班组成员进场施工，用小抱杆带大抱杆的方式立抱杆，使用直径为 11 毫米钢丝

绳（施工方案要求直径为15毫米钢丝绳），采用地脚螺栓垫铁压住拉线回头的方式违规固定在杆塔四个基础地脚螺栓上（施工方案要求固定在地锚上），抱杆拉线对地夹角70°左右（施工方案要求不得大于60°），当天起立9节（每节长度2米、900毫米宽），共18米高。2020年5月11日上午8时，在班长梁某的默许下，贺某平组织班组成员贺某（安全员）、贺某、贺某强、黄某洪、邓某均等5人继续加高抱杆，其余王某胜等15人进行地面配合和清理通道工作。班长梁某未通知施工、监理、业主项目部，也未去作业现场，只是在出发前交代该班组成员不准携带火种上山，然后去准备班组午餐。上午11时，梁某携带班组的午饭到达施工点山脚下，用索道将饭菜运送上山，山上班组人员暂停施工，开始就餐。下午13时，班组人员就餐毕后，贺某平（高处作业人员）在地面指挥，贺某（安全员）、黄某洪、邓某均3人登高继续加高抱杆，并采用明令禁止的“正装法”（施工方案要求采用内悬浮外拉线方式）从抱杆顶部加高抱杆。下午13时50分，抱杆高度达到36米，在抱杆距地面高度18米、26米处均固定4根拉线，拉线底部固定在地脚螺栓处（根据施工方案应固定在地锚上），接着贺某、黄某洪、邓某均3人开始将第一层顶部18米位置处的4根拉线翻至抱杆36米处，并陆续完成了杆塔B、C、D腿方向拉线在抱杆36米处挂设工作（此过程暂未锚固，即拉线的底部并未固定）。下午14时，在挂设第4根A腿方向拉线时，现场突发大风，受到强风作用，抱杆在杆塔A、C腿方向剧烈摆动，设置在抱杆26米处的4根拉线受到剧烈冲击，最终C、B腿方向的拉线先后发生断裂，造成抱杆发生倾倒并与底座脱离，3名在抱杆上作业的高空人员随抱杆一起跌落（事后发现高空人员的双保险安全带系在抱杆上）。

2. 事故原因分析

（1）直接原因

1）未严格执行施工方案。一是施工现场设置的抱杆拉线以小代大，采用直径为11毫米钢丝绳代替直径为15毫米钢丝绳；二是钢丝绳拉线未按照施工方案锚固在地锚上，而是锚固在杆塔桩位四个基础的地脚螺栓上，导致拉线与地面夹角变小，结合抱杆与基础根开距离，A、B、C、D腿拉线对地夹角分别为69.95°、69.39°、70.93°、71.35°，严重超过了施工方案不大于60°的措施要求；三是加高抱杆过程中采用了明令禁止的“正装法”调整抱杆顶部拉线。事故发生时，抱杆36米处只有B、C、D腿拉线固定而A腿拉线未完成调整，且36米处拉线的地面部分完全没有固定。抱杆整体只有26米处的拉线稳固，而36米顶部拉线无任何作用。

2）施工现场突发大风。5L059K塔位于多条山沟之间的山顶，容易引起多股大风汇集形成旋风。事故发生时现场突发大风，在大风作用下，抱杆系统由于受力不均匀、26～36米部分失稳，发生剧烈摆动，造成C腿方向拉线首先拉断，形成的冲击力导致B腿拉线断裂，最终抱杆倾倒。经查，交城县气象台于5月11日12时25分曾发布大风蓝色预警：交城全县部分地区，预计未来24小时预警区域内将出现平均风力4～5级，短时间可达6～7级（或）以上的大风。根据交城县气象台开具的“气象实况证明”描述：2020年5月11日交城县水峪贯镇阵风达到7级，最大风速16.7米每秒。

（2）间接原因

1）施工单位安全管控不到位。一是安全教育培训不到位。施工项目部要求梁某班组在完善人员进场资料、提供特种作业人员证件、清退不符要求的人员后方可进场，但实际施工项目部仅于5月9日晚上组织安全技术交底和考试，并未完成清除班组不合格人员和安全培训工作。二是现场安全管理不到位。作为施工单位，未认真履行监管主体责任，对各作业现场的安全监管未做到全覆盖，对于作业班组领用工器具后的日常行动不掌握，未及时发现和制止施工人员擅自开工、随意改变作业方式等的严重违章行为。

2）分包单位擅自施工且违章作业。分包单位5L059K班组在未取得施工单位批准、未办理作业票的情况下，由班长梁某、高处作业人员贺某平擅自组织班组成员进场施工。班长梁某、安全员贺某现场随意变更施工方案，采用禁止的“正装法”组立抱杆，抱杆拉线规格以小代大，且没有按要求锚固在地锚上，而是固定在铁塔基础地脚螺栓上。高处作业人员安全员贺某（死者1）、邓某均（死者2）、黄某洪（死者3）原为地面配合作业人员，均无高处作业证，不具备高处作业资格，私自高处作业；事故发生时，作为现场负责人的班长梁某并不在施工现场，现场实际由无指挥权的高处作业人员贺某平担任负责人；安全员贺某（死者1）作为现场安全员却从事高处作业，也未能履行安全员监督管理职责，对现场多处违章作业熟视无睹。

3）建设监理单位监督检查不力、管理不严。尤其是监理单位虽然对分包单位下达了问题整改清单，但未及时跟进督促检查。

3. 防范措施

（1）各电力建设施工单位要深刻分析事故原因，全面查找薄弱环节，进一步建立健全企业安全生产管理体系，完善管理制度，严格制度执行，深入开展隐患排查治理，认真落实安全防范措施抓好整改，进一步强化施工现场安全管理，严肃查处违规违章行为，严防事故发生。

（2）湖南省送变电工程有限公司要进一步加强工程施工安全管理，将分包方施工人员纳入公司统一管理，严格安全管理人员、特种作业人员从业资格审查，强化对施工队伍的安全监管，杜绝分包方盲目追求工程进度，违规施工。

（3）湖南源昌电力建设有限公司要加强对施工人员的安全教育培训，特别要做好新入职人员的三级安全教育和施工安全交底工作，各种作业人员均要做到持证上岗，提高施工人员的安全意识，强化安全素质和事故防范能力。

（4）山西锦通工程咨询有限公司要严格法律法规和监理规范要求，切实落实监理责任，加强对建设项目工程施工的全过程监督管理；要进一步强化对监理人员的教育培训，提高监理人员的责任心和业务水平，严格施工单位、分包商相关从业人员资格审查，强化施工现场安全监督，督促落实施工安全措施，确保安全。

（5）地方人民政府要进一步落实安全生产属地管理责任，认真督促有关单位加强安全监管，强化检查、督查，严厉打击违法违规生产经营建设行为。同时，要进一步做好建设项目有关民事协调处理工作，为保障建设项目安全、顺利实施奠定基础。

二、中国能建东北电力第二工程有限公司“1·9”一般高处坠落事故

1. 事故经过

2019 年 1 月 9 日上午 8 时 30 分左右，中国能源建设集团东北电力第二工程有限公司在恒力石化（大连）炼化有限公司二期热电工程三号锅炉顶棚紧身封闭施工过程中，发生一起高处坠落事故，事故造成 1 名工人死亡，1 名工人重伤。

2019 年 1 月 9 日上午，程某祥施工队合伙人鲍某朋安排施工队的穆某中、李某洋、吴某忠、吴某超到 3 号锅炉修补彩钢板。8 时 30 分左右，吴某忠、吴某超修补已经找到的一块彩钢板，穆某中、李某洋接着在 3 号锅炉炉顶的彩钢板上行走寻找破碎彩钢板。此时，穆某中、李某洋共同踩着的彩钢板破碎，两人从炉顶坠落，李某洋重伤，穆某中坠落受伤致死。

2. 事故原因分析

2017 年 1 月 20 日，恒力炼化将自备热电厂安装工程施工承包给中国能源建设集团东北电力第二工程有限公司，并签订《恒力石化（大连）炼化有限公司自备热电厂安装工程施工合同》和《HSE 管理协议书》。2018 年 9 月 10 日，东电二公司将自备热电厂工程项目锅炉房紧身封闭施工分包给程某祥施工队（程某祥借用京辉建设承包工程），并签订《恒力石化（大连）炼化有限公司自备热电厂工程项目（安装标段—锅炉房紧身封闭）分包合同》和《恒力石化（大连）炼化自备热电厂安装工程锅炉房紧身封闭施工安全协议》。京辉建设未对现场进行管理，仅将资质借给程振祥用于承包工程。

（1）直接原因

分包施工队雇用的劳务工穆某中、李某洋违反作业要求。在高处作业中未按照规定挂好速差保护器；在锅炉彩钢板上行走时，未按照规定敷设跳板；未将安全带挂在安全绳上。违反了《锅炉紧身封闭结构安装工程施工方案》8. 1. 5、8. 1. 18、8. 1. 19 的规定。穆某中从锅炉顶部坠落致死，李某洋坠落重伤，是本次事故发生的直

接原因。

（2）间接原因

1）程振祥施工队（分包的施工队）。

①安全生产培训和教育不到位。未按照规定对从业人员进行安全生产教育和培训，未如实告知从业人员有关安全生产事项。违反了《中华人民共和国安全生产法》第四十四条的规定。

②安全技术交底流于形式。采取口头方式进行交底，技术交底双方未签字确认；未对直接生产作业人员进行紧身封闭安装、维修安全操作规程和注意事项进行交底。违反了《建筑工程安全生产管理条例》第二十七条的规定。

③未完善安全防护措施。在屋面作业无防止坠落的可靠措施，高处作业人员未配备速查保护器。

2）中国能源建设集团东北电力第二工程有限公司。

①培训教育不到位。对从业人员进行入场培训时，培训教育学时不足。违反了《电力建设安全工作规程　第 1 部分：火力发电》（DL 5009.1—2014）4.1.7.3 的规定。

②安全检查与隐患排查未做到闭环管理。未发现从业人员未配备速查保护器的情况；现场作业人员安全带未正确使用的情况督促整改不到位，对隐患和问题未做到整改到位；以会议通报督促隐患整改。违反了《电力建设安全工作规程　第 1 部分：火力发电》（DL 5009.1—2014）4.1.11.2 的规定。

3. 防范措施

（1）电力建设施工企业要完善安全检查、隐患排查、隐患整改等相关制度，进一步加强对作业人员的教育培训，强化安全措施的落实和施工现场安全检查，严禁不符合资质的人员和设备进场作业，杜绝违章指挥、违章作业行为。

（2）电力建设施工企业落实安全管理职责，杜绝违章指挥、违章操作，设定安全管控“红线”，加大违章处罚力度，坚决清除“红线”违章人员。

（3）电力建设施工企业组织对下一步施工作业风险进行再识别，制定相应的防范措施，重大风险要明确责任人和管控层级，作业班组加强每日作业前安全分析针对性，防范措施落实后方可施工。

第五节 电力事故预防

一、电力事故预防基础

1. 安全组织措施与技术措施

电力企业进行任何工程施工、设备安装、调试、启动、检修等工作，均应制定保证工作安全的三大措施，即组织措施、技术措施和安全措施。

（1）组织措施

组织措施是指保证组织机构及工作过程中必须遵守的各项规章制度。保证安全的组织措施包括操作票制度，工作票制度，工作许可制度，工作监护制度，工作间断、转移和终结制度及恢复送电制度。

（2）技术措施

技术措施包括必须执行的有关规程制度的条款（含工艺要求）和必须实施的具体技术措施两类。必须执行的规程制度包括施工作业指导书、检修管理制度、操作程序等。必须实施的具体技术措施（如保证安全的技术措施）包括停电、验电、接地、悬挂标志牌和装设遮栏。

（3）安全措施

1）在工程、作业的三大措施中，安全措施主要指大的方面，如“两票三制”、安全防护措施、动力作业要求、现场防火措施、施工作业范围等。

2）施工前必须执行的具体安全措施，如发电厂、电力线路第一种工作票必须执行的安全措施，热力机械工作票必须采取的安全措施。

3）施工作业人员应执行的安全措施，如保持对带电设备的安全距离。

2. 安全设施规范化与行为规范化

（1）安全实施规范化

安全设施规范化是电力企业安全工作标准化的一个重要组成部分。明确安全标准、设备及安全工具标志、警戒线、安全防护的图形规范和配置规范，目的是指导电力企业在生产现场安全设施管理上达到规范、统一，从而创造一个清晰、安全的工作环境，提高安全管理水平。安全设施规范化的重点要求：发电厂、变电所、电力（电缆）线路按要求实现实施规范化；设备标准齐全、清晰；介质流向清楚；安全防护设施符合要求；线路杆塔及各种辅助设施的标志牌齐全、正确、醒目。

（2）人的行为规范化

实现人的行为规范化是保证安全生产“可控、在控”的关键之一，应实现以下三个方面的完善。

1）人的自主因素。

①身体因素。无妨碍工作的病症。

②技术因素。掌握与工作有关的基本知识、基本技能和规章制度要求。

③思想因素。具有基本职业道德。

2）客观因素。

①硬环境。工作现场的环境满足工作条件。

②软环境。安全规章制度齐全，安全措施完善并得到落实。

3）企业安全文化建设。在职工所处环境建立一种安全生产氛围，对职工进行安全意识和职业道德教育，使职工增强社会责任感、家庭责任感，自觉做好安全生产。

（3）安全大检查

1）季节性安全大检查。

①春季安全大检查。是以查防雷、防雨、防火、防小动物为主要内容的安全大检查。通过春季安全大检查，查出设备越冬后可能存在的缺陷，经过整改，为系统及设备迎峰度夏，并安全度过雷雨季节做好准备。

②秋季安全大检查。以查防火、防冻、防污染、防小动物为主

要内容的安全大检查。通过秋季安全大检查，为设备迎接冬季负荷高峰，并安全越冬做好准备。

2）单项检查和专业性检查。夏季防汛检查、重大社会活动安全供电检查、节前安全大检查、落实反事故措施专业安全检查等。

二、防止电网事故

1. 电网技术现状

随着我国电网建设和规模的发展，尤其是智能电网的发展，现代先进的输电技术、电力电子技术、信息技术、安全稳定控制技术得到广泛应用，保证了互联电网运行的安全性和经济性，这些技术的应用代表了目前电网技术的发展水平。

（1）新能源发电技术

新能源一般是指在新技术基础上加以开发利用的可再生能源，包括太阳能、生物质能、风能、地热能、波浪能、洋流能和潮汐能等。此外，还有氢能等。而已经广泛利用的煤炭、石油、天然气、水能、核裂变能等能源，称为常规能源。新能源发电就是利用现有的技术，通过上述的新型能源，实现发电的过程。2020 年青豫特高压直流工程配套的 500 万千瓦新能源全面并网，这是我国一次性建成投产的最大新能源项目，满功率运行后将为青豫直流特高压工程提供 20% 的电量支撑，每年增加清洁能源消纳 80 亿千瓦时。

（2）超高压交直流输电技术

目前我国东北、华北、华东、华中、南方电网已形成 500 千伏电压等级的主干输电网架。西北电网 330 千伏电压等级现已无法满足输电需要，经过论证和可行性研究，已开始建设高一级电压等级 750 千伏输变电工程。直流输电技术具有输电容量大、稳定性好、控制灵活等优点，在我国跨大区电网互联中具有广泛的应用前景。2003 年投产的三峡—华东直流输电工程，输送功率达到 300 万千伏，在 500 千伏直流输电领域居世界首位。

（3）电力电子技术

灵活交流输电技术（FACTS）的应用可实现对交流输电功率和

潮流的灵活控制，大幅度提高电力系统的安全稳定水平。我国于20世纪90年代以来开始对FACTS技术进行系统的研究和开发，其中，对500千伏超高压输电线路可控硅串联补偿（TCSC）的研究已取得成果，静止同步补偿器（ASVG）的实际装置已投入试运行。

（4）信息与自动化技术

自动化技术得到了迅速发展，华北、华东、东北、华中、西北电网的调度中心已采用了现代化能量管理系统（EMS）。继电保护和自动装置全面推进计算机化。自主开发的电力系统计算分析软件在电力系统规划设计、调度运行部门得到全面推广应用。农村电网经过技术改造，结构进一步优化，自动化程度进一步提高。电网的数字化水平大幅提高。以北京为中心连接各主要电网的电力通信、调度通信网络已基本形成。

（5）安全稳定控制技术

针对全国联网初期网络联系薄弱，大电源远距离输电问题比较复杂，采用技术先进的安全自动装置和稳定控制策略，保证互联电网的安全稳定运行。2020年我国颁布实施新的《电力系统安全稳定导则》（GB 38755—2019），规定了第三级安全稳定标准，提出建立防止稳定破坏的三道防线，用以指导电力系统设计、建设、运行和管理。作为电力工业强制性标准，这个导则反映了目前我国电网安全稳定控制水平。

2. 电网安全现状与形势

（1）跨区互联电网安全稳定问题突出

随着我国互联电网的发展，稳定破坏和大面积停电事故的危害性越来越大，大电网的安全稳定问题越来越突出。目前，我国跨区互联电网处在发展初期，电网联系薄弱，主要跨区联络线输送功率已接近限额，而且部分设备陈旧落后，安全隐患较大。一些新投入的跨区联网工程也正处在设备故障率较高时期。因此，目前大区电网安全运行处于相对比较困难的时期，安全稳定问题尤为突出。

（2）电网网架结构薄弱

近年来我国经济增长迅速，尤其是一些经济发达地区，用电量和用电负荷强劲增长，对电网的安全供电能力提出了越来越高的要求，但是目前的电网发展水平还不足以适应这种要求。此外，在电源和电网发展过程中，发展不协调，结构不合理，主干网架薄弱，造成现有电源的发电能力和电网的输电能力得不到有效发挥，加剧了部分地区电力供需紧张的矛盾，对电网的安全稳定性带来严重影响。

（3）外力破坏和自然灾害越来越大

外力破坏（如盗窃、施工）、环境污染、自然灾害一直是威胁电网安全的重大隐患，并有不断增加的趋势。近年来因这类原因造成的电网事故占全部电网事故的50%，但是目前电网企业还缺乏有效的防范手段和防范措施。而对于地震、台风、洪水等自然灾害有可能造成的电网大面积瘫痪，目前还缺乏系统性研究和评估，没有建立相应的预警机制。

（4）电网安全管理水平有待提高

电网安全管理水平差距较大，事故的地区分布特征明显；二次系统问题突出，引发电网事故所占比例较大；设备故障造成电网事故，暴露出设备质量、工程建设、运行维护等各个环节的安全管理问题；人员误操作直接导致电网事故的发生。

3. 电网事故处理原则

按照事故的技术范围进行分类，可将电网事故分为继电保护、接地短路、误操作及其他，其中二次回路及其雷击事故是电网发生事故的主要原因。通过对故障元件的预判可以提高电网调度中心信号的准确性，缩短故障处理时间，提高供电可靠性，有利于防止故障的进一步扩大。当电网发生事故时，首先应尽快消除故障源以阻止故障的进一步扩大，即根据故障的关联性来判断故障的性质。其次根据电网的有功功率和无功功率流向来确定电网事故所产生的后果，根据电网结构变化及时调整控制系统的薄弱环节，分清电网结构的主次关系，确保送电顺序。当电网发生事故时其内部元件的开关位置经常会发生变化，从而导致系统的整体结构和运行情况都会发生变化，此时最容易出现电网的解列事故，对电网的整体结构造成重创。因此，在电网要出现解列事故前应对其状态进行判别，对各个子系统所包含的子站进行了解。传统电网的解列方法是通过建立许多关联表显示关联关系来实现的，其整个过程过于烦琐。近年来人们采取了人工智能的搜索方法来判断电网的拓扑结构，这种方法实现了对电网解列过程判别的简化，目前得到了广泛的应用。

4. 防止重大电网事故的对策

（1）防止电力系统稳定破坏事故

认真落实《电力系统安全稳定导则》（GB 38755—2019），按照三级稳定标准，建立防止稳定破坏的三道防线。优化完善电网结构，特别是加强受端系统的建设，逐步推进电磁环网解环；并积极采用新技术和成熟技术，提高电网安全稳定水平；加强电网安全稳定“第三道防线”的建设和完善，结合电网实际，配置数量足够、分布合理的失步解列装置、低频减载装置和低电压自动减负荷装置；加强电网计算分析研究，提高稳定计算水平。

（2）加强继电保护运行管理，进一步提高正确动作率

适应形势变化和生产发展，实现技术、管理不断创新；加大科技创新，加快技术改造；强化技术监督，完善监督制度；加强规范化管理，减少人员三误（误碰、误接线、误整定）事故发生；加强元件保护管理；强化全员培养，提高人员素质。

（3）应用好电力系统安全自动装置

通过采用电力系统稳定器、电气制动、快控气门、切机、切负荷、振荡解列、串联电容补偿、静止补偿器、就地和区域性稳定工作装置等安全自动装置，防止电力系统失去稳定和避免电力系统发生大面积停电。随着计算机技术的发展，应积极采用智能化的稳定工作策略，保证大电网的安全稳定。

（4）建立事故预防与应急处理体系

进一步完善防止大电网事故的技术措施，结合事故类型和事故规律，制定并落实防止重大事故发生的预防性措施，限制事故影响范围及防止事故扩大的紧急控制措施，以及减少事故损失并尽快恢复正常秩序的恢复控制措施。建立覆盖事故发生、发展、处理、恢

复全过程的事故应急救援与处理体系，并有针对性地组织联合反事故演习、开展社会停电应急救援与处理演练，有效减少大面积停电事故所造成的损失，提高社会和公众对大面积停电的能力。

本章小结

1. 电力安全生产事故可以分为电力人身事故、电网事故、电力生产设备事故三大类。电力安全生产事故是电力企业的灾害，就事故发生所造成的后果和波及的程度来说，它会给个人、社会和国家造成巨大的损失和影响。

2. 在电网企业存在的安全事故主要是工作人员安全意识、技术素质不到位造成的，同时操作设备的定时检修和替换也是防止此类事故发生的重要途径。在电网企业，工作人员应严格按照相关规定进行操作，防止意外情况发生。

3. 电力客户的用电安全乃是电力安全的重中之重，实际上由于用电人的安全意识严重缺乏造成的安全事故数不胜数。

4. 电力企业进行任何工程施工、设备安装、调试、启动、检修等工作，均应制定保证工作安全的三大措施，即组织措施、技术措施和安全措施。电力建设企业要落实安全管理职责，加强对作业人员的安全教育培训，强化施工过程安全管理，严禁不符合资质的人员和设备进场作业，严禁违规违章作业。

5. 当电网发生事故时，首先应尽快消除故障源以阻止故障的进一步扩大，即根据故障的关联性来判断故障的性质。其次根据电网的有功功率和无功功率流向来确定电网事故所产生的后果，根据电网结构变化及时调整控制系统的薄弱环节，分清电网结构的主次关系，确保送电顺序。

6. 防止重大电网事故的对策有：(1) 防止电力系统稳定破坏事故；(2) 加强继电保护运行管理，进一步提高正确动作率；(3) 应用好电力系统安全自动装置；(4) 建立事故预防与应急处理体系。

第五章复习思考题

一、填空题

1. 电力安全生产事故可以分为电力生产人身事故、________、电力生产设备事故三大类。

2. 严格执行防止电气误操作安全管理有关规定，加强倒闸操作管理，严格执行“________”制度。

3. 电力企业进行任何工程施工、设备安装、调试、启动、检修等工作，均应制定保证工作安全的三大措施，即________、技术措施和安全措施。

4. ________事故是电网发生事故的主要原因。

二、问答题

1. 列举电网发展的先进技术有哪些。
2. 电网事故处理的原则是什么？
3. 防止重大电网事故的对策是什么？

第六章　电力行业职业卫生知识

本章学习目标

（1）了解电力行业职业病危害因素对人体的健康影响及职业卫生防护相关措施。

（2）掌握火力发电厂主要职业病危害识别及职业病危害因素针对性防护。

（3）掌握太阳能光伏发电厂主要职业病危害识别及职业病危害因素针对性防护。

（4）掌握变电站主要职业病危害识别及职业病危害因素针对性防护。

（5）掌握变电站施工工程主要职业病危害识别及职业病危害因素针对性防护。

第一节　电力行业常见的危险有害因素分析

目前，由于部分电力企业重视不够，使职业安全卫生的管理工作、技术工作出现了“断层”现象，有些企业职业安全卫生投入不足，作业场所职业病危害因素动态监测率、职业健康定期监护检查率有所下降。为使电力行业职业卫生安全工作适应电力体制改革和电力工业不断发展的需要，满足国家法制化管理的要求，保护电力职工的健康安全，本部分内容从电力行业的上游到下游分析各生产过程中存在的职业病危害因素及其对人体健康的不良影响，最后从职业安全卫生治理角度提出了相应措施。

一、电力行业职业病危害因素识别

电力行业主要包括发电、输电、变电、配电和用电等环节，其中发电有火力发电、水力发电、太阳能发电、风力发电、核能发电、氢能发电等，本节以火力发电为例进行介绍。发电环节主要生产设备包括发电机组、升压变压器及高压开关等设施。产生的职业病危害因素有噪声、振动、工频电场、高频电场、六氟化硫、二氧化碳、二氧化硫、一氧化碳、氮氧化物、粉尘等。在火力发电中，煤在锅炉中燃烧产生了大量的二氧化碳、二氧化硫、一氧化碳、氮氧化物等化学毒物。因锅炉设计为负压燃烧方式，烟气在正常情况下由烟囱引至高空排放，化学危害较小，粉尘危害严重。各环节产生的职业病危害因素见表 6-1，主要职业病危害因素为工频电场、噪声、六氟化硫、氮氧化物、臭氧、煤尘。

表 6-1　各环节产生的职业病危害因素

评价单元	职业病危害因素	产生环节
发电单元	噪声，工频电场，高温与热辐射，煤尘、炉灰尘、炉渣尘，氮氧化物、二氧化硫、一氧化碳等	超高电压电器与线路周围存在工频电场，其他危害因素产生于火力发电锅炉环节
高压输电单元	工频电场，高温	高压线附近产生工频电场，110 ~ 1 000 千伏之间工频电场较严重，工作人员在巡线时会受到环境中的高温影响
变电单元	工频电场，噪声，六氟化硫、氮氧化物、臭氧	高压变电站内高频辐射产生工频电场，变电站六氟化硫开关泄漏可能存在六氟化硫及其毒性较大的分解产物，变电站通风设备产生噪声等，高压漏电产生电弧导致形成氮氧化物及臭氧
配电单元	工频电场，噪声，氮氧化物、臭氧	噪声产生于各种机柜，各种开关操作不当会引起弧光放电形成氮氧化物及臭氧

二、电力行业职业病危害因素对人体健康的影响

不同的职业病危害因素对人体健康的影响及危害程度也不相同，依据工作场所有害因素危害特性相关资料，针对主要有害因素对人体健康的危害做出说明。

1. 工频电场

侵入途径：肌体体表。

对人体健康影响或职业性损伤：当肌体处于高压交流电场时，可使肌体的正负电荷发生迁移运动，产生 100～200 微安的位移电流，可影响细胞膜的物理化学效应，致使细胞膜的精细功能受到损伤。

2. 噪声

侵入途径：听觉器官。

对人体健康影响或职业性损伤：长期接触工业噪声，可引起操作人员耳鸣、耳痛、头晕、烦躁、失眠、记忆力减退，可引起暂时性听阈位移、永久性位移、高频听力损伤、语频听力损失直到噪声聋等症状。

3. 六氟化硫

侵入途径：吸入。

对人体健康影响或职业性损伤：当吸入高浓度六氟化硫时，可出现呼吸困难、喘息、皮肤和黏膜变蓝、全身痉挛等窒息症状。

4. 氮氧化物

侵入途径：吸入。

对人体健康影响或职业性损伤：氮氧化物主要损害呼吸道。吸入初期仅有轻微的眼及呼吸道刺激症状。一氧化氮浓度高可导致高铁血红蛋白血症。慢性影响主要表现为神经衰弱综合征及慢性呼吸道炎症。

5. 臭氧

侵入途径：吸入。

对人体健康影响或职业性损伤：臭氧具有强氧化能力，对眼睛结膜和整个呼吸道有直接刺激作用。吸入后会引起咳嗽、咳痰、胸部紧束感，高浓度吸入会引起肺水肿。长期接触可引起支气管炎、细支气管炎，甚至发生肺硬化。

6. 煤尘

侵入途径：吸入。

对人体健康影响或职业性损伤：长期接触高浓度生产性粉尘，可使工作人员身体发生多方面不良改变及职业病，引起以肺组织广泛纤维化为主要病变的职业病——尘肺。

三、电力行业职业卫生防护相关措施

针对以上危害因素，从职业病工程控制技术措施、个体防护、职业卫生管理、职业健康监护、职业卫生培训等方面提出对策。

1. 工程控制技术措施方面

（1）为有效控制化学毒物危害，日常操作或者巡检应注意检查设备的密封性，避免因操作疏忽等原因导致有毒物质逸散，如严格按操作规程进行六氟化硫断路器中湿度、泄漏、绝缘电阻、耐压试验等方面的检测，杜绝弧光放电的产生。

（2）为有效控制噪声危害，对机组等噪声设备进行隔离或采取隔振、降噪等措施。

（3）为有效控制工频电场危害，工作场所的高压设备采用屏蔽线、屏蔽环网、遮板等，且应有良好的接触。

2. 个体防护方面

（1）按照《劳动防护用品监督管理规定》，在电力行业内加强对劳动防护用品的标准化、规范化行业管理。

（2）安排配备防护用品的专项经费，按国家和行业规定为职工配置相应的劳动防护用品，并建立考核制度监督使用。例如，高处作业、高压巡线时穿戴合格的以金属丝织成的屏蔽服，并戴好防护手套、防护帽等。对有噪声的作业场所进行巡检时要戴好耳塞或防护耳罩。

（3）规范电力行业劳动防护用品的管理，建立健全劳动防护用品的采购、验收、保管、发放、使用、报废等管理制度。对进入电力行业的劳动防护用品进行质量控制。

3. 职业卫生管理方面

（1）结合企业职业卫生工作现状，制定可行的职业卫生管理制度、职业病防治规划与实施方案并加强落实。

（2）按照法规要求，严格实施职业病危害的合同告知。

（3）定期委托有资质的职业卫生技术服务机构，开展职业病危害因素检测、职业病危害检测与评价工作。

4. 职业健康监护方面

（1）按照《职业健康监护技术规范》（GBZ 188—2014）提出的职业健康体检周期，对新入职员工实施岗前职业健康体检，对在岗职工实施定期职业健康体检，对离岗职工实施离岗职业健康体检。

（2）做好职业健康体检异常职工的进一步医学检查工作，注意加强该岗位工人的轮换，减少工作人员持续接触危害因素的时间，并注意加强岗位防护用品佩戴情况的监督。

（3）进一步完善职业健康监护档案，职业健康监护档案应当包括劳动者的职业史、职业病危害接触史、职业健康检查结果和职业病诊疗等个人健康资料。

5. 职业卫生培训方面

（1）充分利用电力行业现有职业卫生技术人力资源，建立职业卫生教育培训计划。

（2）对劳动者进行上岗前的职业卫生培训和在岗期间的定期职业卫生培训，普及职业卫生知识，督促劳动者遵守职业病防治法律、法规、规章和操作规程。

（3）指导劳动者正确使用职业病防护设备和个人使用的职业病防护用品。

（4）结合各企业实际情况，定期组织职业病危害事故应急救援预案与演练，并持续改进。

第二节　发电企业职业病危害识别与防护

发电厂是我国能源的重要支柱，主要有火力发电厂、水力发电厂、核电厂、风力发电厂、太阳能光伏发电厂等。在碳达峰、碳中和目标的驱动下，能源行业在不断转型升级，而发电厂生产过程历来以高污染和高职业病危害而引人注目，在“以人为本”的新时代，发电厂建设和生产过程中的职业安全已成为社会关注的重点。本节内容主要以传统能源火力发电厂和新能源太阳能光伏发电厂为例。

一、火力发电厂

1. 火力发电厂工艺简介

现代化火电厂是一个庞大而又复杂的生产电能与热能的工厂。它由下列五个系统组成：燃料系统、燃烧系统、汽水系统、电气系统、控制系统。在上述系统中，最主要的设备是锅炉、汽轮机和发电机，它们安装在发电厂的主厂房内。主变压器和配电装置一般装放在独立的建筑物内或户外，其他辅助设备如给水系统、供水设备、水处理设备、除尘设备、燃料储运设备等，有的安装在主厂房内，有的则安装在辅助建筑中或在露天场地。火电厂基本生产过程：燃料在锅炉中燃烧，将其热量释放出来，传给锅炉中的水，从而产生高温高压蒸汽；蒸汽通过汽轮机又将热能转化为旋转动力，以驱动发电机输出电能。到 20 世纪 80 年代为止，世界上最好的火电厂的效率达到 40%，即把燃料中 40% 的热能转化为电能。

近代火电厂由大量各种各样的机械装置和电工设备所构成。为了生产电能和热能，这些装置和设备必须协调动作，达到安全经济生产的目的。这项工作就是火电厂的运行。为了保证炉、机、电等主要设备及各系统的辅助设备的安全经济运行，就要严格执行一系列运行规程和规章制度。

2. 火力发电厂主要职业病危害识别

在火力发电厂的运营和维护过程中，广泛分布并易对劳动者产生职业病危害的因素主要包括粉尘、噪声、有害有毒化学物质和高温四种。

（1）粉尘

粉尘主要是输煤系统在煤的储存、输送、破碎和煤斗装煤过程中出现，如在碎煤机室、输煤皮带层及各运转点，其影响程度与工艺设计、输煤设备及通风除尘设施等的条件有关。磨煤、制粉系统泄漏以及检修过程中也会产生粉尘，电除尘出灰口及储灰罐出灰口都会产生粉尘。

粉尘对人体健康的主要危害：生产性粉尘进入人体后主要可引起职业性呼吸系统疾病，长期接触高浓度粉尘可引起以肺组织纤维化为主的全身性疾病尘肺病，如尘肺、呼吸系统肿瘤、粉尘性炎症等；对上呼吸道黏膜、皮肤等部位产生局部刺激作用可引起相应疾病。

（2）噪声

噪声主要来源于各设备在运转过程中由于振动、碰撞而产生的机械声和由风管、气管中介质的扩容、节流、排汽、漏气而产生的气体动力噪声以及磁场交变运动产生的电磁性噪声。火力发电厂的主要噪声产生设备有吸风机、送风机、汽轮机、发电机、磨煤机、空压机、给水泵等。噪声对人体健康的危害主要包括以下四个部分。

1）听觉系统：长期接触强噪声后主要引起听力下降。听力损伤的发展过程首先是生理性反应，后出现病理改变直至耳聋。生理性听力下降的特点为脱离噪声环境一段时间后即可恢复，而病理性的听力下降则不能完全恢复。

2）神经系统：长期接触强噪声后出现神经衰弱综合征，主要有头痛、头晕、耳鸣、心悸及睡眠障碍等；长期接触强噪声的作业人员可表现为易疲劳、易激怒。

3）心血管系统：在噪声作用下，自主神经调节功能发生变化，表现出心率加快或减慢，血压不稳。

4）消化系统：出现胃肠功能紊乱，食欲减退，消瘦，胃液分泌减少，胃肠蠕动减慢。

（3）有害有毒化学物质

电厂生产过程中主要使用的有毒有害原料有次氯酸钠、盐酸、碱、联氨、氨、六氟化硫，主要存在于化学水处理和电气岗位。产生的有害气体有酸气、氨气等，锅炉燃烧过程中产生一氧化碳。

1）一氧化碳。一氧化碳对人体健康的主要危害：轻度中毒，可出现轻度至中度意识障碍，一氧化碳大于10%；中度中毒，意识障碍发展为中度昏迷，一氧化碳大于30%；重度中毒，意识障碍程度达到深昏迷或并发脑水肿、休克或严重心肌损害，肺水肿或呼吸衰竭。

2）氨。氨对人体健康的主要危害：主要作用于呼吸系统，对黏膜有刺激和腐蚀作用。低浓度时，可使眼结膜、鼻咽部、呼吸道黏膜充血、水肿等。高浓度时，氨损伤肺泡毛细血管管壁，使其扩张和渗透性增强，破坏肺泡表面活性物质，肺间质和肺泡产生大量渗出物，形成肺水肿。同时支气管、毛细支气管也充血、水肿、痉挛。

3）盐酸。盐酸对人体健康的主要危害：主要可对皮肤、眼及呼吸道黏膜产生腐蚀和刺激作用，高浓度可引起严重的灼伤。其蒸汽或烟雾可引起急性中毒，长期接触可引起牙齿酸蚀症及皮肤损伤。

4）氢氧化钠。氢氧化钠对人体健康的主要危害：刺激眼和呼吸道，腐蚀鼻中隔，直接接触可引起灼伤；误服可引起消化道灼伤，黏膜糜烂、出血和休克。

5）氯气。氯气对人体健康的主要危害：氯气被吸收后，与湿润的黏膜接触，形成盐酸和次氯酸，又分解为盐酸和新生态氧，引起上呼吸道黏膜性肿胀、充血或刺激眼结膜。新生态氧具有强氧化作用，引起脂质过氧化而损害细胞膜。吸入高浓度氯气常致深部呼吸道病变；有时由于局部平滑肌痉挛而窒息，或通过迷走神经的反射性作用导致心搏骤停。

（4）高温

生产过程中产生的高温高压的部位有锅炉、汽轮机、除氧器、加热器、导气管和蒸汽管道等，同时包括露天煤厂等室外作业人员夏季工作的某些时间段。

高温对人体健康的主要危害：体温调节产生障碍；水盐代谢失调；循环系统负荷增加；消化系统疾病增多；神经系统兴奋性降低；肾脏负担加重；当作业场所气温超过34摄氏度时，即可能发生中暑。

3. 职业病危害因素针对性防护

（1）粉尘防护措施

防尘的防护措施主要在于工艺设计和施工中对设备和管道采取有效的密封措施和防磨材料，防止物料的跑、冒、滴、漏。具体说来主要包括以下措施：

1）煤场每隔若干米装一喷头，每天喷水若干次，并在周围增加绿化带，以减少煤尘污染。

2）采用门式滚轮堆取料机时，应加喷雾装置，每台滚轮机喷水量为5～6立方米每小时。

3）筒仓原煤斗设重力式挡板，在叶轮给煤机上应设除尘器。

4）在碎煤机室及各运转站设置缓冲锁气器，设密闭装里和除尘系统，传送带、地面设水冲洗设施，及时清洗地面灰尘。

5）在输煤系统的值班室安装隔尘隔声装置。

6）煤仓间每个原煤斗安装布袋式除尘器或其他除尘效果好的除尘器。

7）采用负压式吸尘系统清除锅炉房和煤仓间输煤皮带层的散落灰尘。

8）锅炉底层及运转层、灰浆泵房、各运转站、碎煤机室、筒仓均应设水力清扫装置，防止二次扬尘。

9）磨煤制粉系统、干灰系统检修时要抽尽存粉或用水冲洗干净。

（2）噪声防护措施

防噪声首先要在工艺设计中尽量选用低噪声设备，对噪声较大的设备设置相关消音器，在噪声集中地区设置隔声操作室，实行远距离操作控制。具体降噪措施如下：

1）送风机、空压机的入口设消音装置。

2）锅炉各阀门排汽口设高效消音器。

3）汽轮发电机组设置隔音罩室，内衬吸音板。

4）对高温高压蒸汽管道，控制其流速在设计流速范围内，避免接近流速上限；并采用特殊保温材料。

5）在烟气管道设计时，努力做到布置合理，流道畅通。

6）集中控制室周围布置环行走廊，并选用有较高隔声性能的隔声门窗及有较好吸声性能的墙面材料。

7）各值班室应为单独的值班房间，均应采用适当的隔声措施。

（3）有毒有害化学物质防护措施

防毒及防酸碱：在工艺设计中对产生毒物的生产过程和设备，

考虑机械化和自动化，加强密闭，避免直接操作，并应结合生产工艺采用通风措施。防毒、防碱措施主要包括以下几方面：

1）对氨、联氨仓库及加药间、化验间设有自然进风、排风设备。

2）对酸碱库、酸碱泵房、酸碱计量间、蓄电室，设有自然进风、排风设备。

3）检修作业或辅助生产时，作业场所应采取必要的防护措施，加强现场通风，以减少对作业人员的危害。对特定岗位设置防毒面具等防护用品，对接触强酸强碱的作业人员应配备专用防护用品。

（4）高温防护措施

在工艺设计中应尽量使操作人员远离热源，同时根据其具体条件采取必要的隔热降温措施。隔热降温措施主要包括以下几方面：

1）采用机房侧窗自然进风，屋顶机械排风排除设备运转过程中产生的大量余热。

2）对高温设备和管道应进行保温或加隔热套，保证其外表温度低于 50 摄氏度。

3）集控楼与主要值班室应设置集中制冷、加热站，为机炉电集控室、计算机室、化学运行控制室、低温取样架间提供冷、热源。

4. 应急救援措施

（1）对产生剧毒物质、高温等作业场所、岗位，应考虑相应的事故防范和应急救援设施、设备；在厂房项目建设中应增设必要的应急救援和事故防范设施，同时制定应急救援预案，配备经培训的应急救援人员和应急救援器材、设备。应急救援预案应及时修订、不断完善，并定期组织演习。

（2）生产中可能突然溢出大量可能导致急性中毒或易燃爆的化学物质，作业区域应设置监控报警装置和警示牌。在可能造成急性中毒区域设置监测报警仪器。

二、太阳能光伏发电厂

1. 太阳能光伏发电厂工艺简介

太阳能光伏发电是利用半导体界面的光生伏特效应，将光能直接转变为电能的一种技术。这种技术的关键元件是太阳能电池。太阳光照在半导体 p-n 结上，形成新的空穴-电子对，在 p-n 结内建电场的作用下，空穴由 n 区流向 p 区，电子由 p 区流向 n 区，接通电路后就形成电流。这就是光电效应太阳能电池的工作原理。

光伏发电系统是由太阳能电池方阵、蓄电池组、充放电控制器、逆变器、交流配电柜和太阳跟踪控制系统等设备组成。光伏发电系统分为独立光伏发电系统、并网光伏发电系统及分布式光伏发电系统。独立光伏电站又称离网状发电，包括边远地区的村庄供电系统，太阳能户用电源系统，通信信号电源、阴极保护、太阳能路灯等各种带有蓄电池的可以独立运行的光伏发电系统。并网光伏发电系统是太阳能组件产生的直流电经过并网逆变器转换成符合市电电网要求的交流电之后直接接入公共电网。分布式光伏发电系统又称分散式发电或分布式供能，是指在用户现场或靠近用电现场配置较小的光伏发电供电系统，以满足特定用户的需求，支持现存配电网的经济运行，或者同时满足这两个方面的要求。

2. 太阳能光伏发电厂主要职业病危害识别

太阳能光伏发电厂生产过程中主要包括噪声、工频电场、高温、紫外线等职业病危害因素。

（1）噪声

太阳能光伏发电运行过程中噪声主要来源于变压器，产生的噪声为低、中频电磁噪声。

（2）工频电场

太阳能光伏发电中电气系统部分包括主变压器、高压厂用变和高压配电装置等接入 10 千伏高压出线装置，在这些装置周围会产生工频电厂。

（3）高温

在酷暑天气进行室外检修和维护作业时，如果作业时间过长，容易发生中暑事故。

（4）紫外线

在电厂设备进行维修时，使用电焊机会产生紫外线。

3. 职业病危害因素针对性防护

（1）噪声防护措施

大容量变压器安置于地下室内，运行中产生的噪声对外界有一定影响。对中央控制室、控制间在门、窗缝隙，孔洞等易传播声音处进行填塞密封，缩小噪声影响范围。工人穿戴防噪声个人防护用品，如耳塞或耳罩。

（2）工频电场防护措施

产生工频高压电场的设备如变压器、逆变器等，周围采用屏蔽网、屏蔽罩等进行遮挡，并设置防护栏和警示标示。

（3）高温防护措施

室外高温环境下，严格控制工人巡检和维护作业时间。工人穿戴好防高温个人防护用品，如安全帽、防紫外线护目镜或面罩、热防护服。

（4）紫外线防护措施

维修工人穿戴好防紫外线辐射个人防护用品，如防强光、紫外线护目镜或面罩、焊接面罩、焊接手套、焊接防护鞋、焊接防护服等。

4. 应急救援措施

（1）按照《工作场所职业病危害警示标识》（GBZ 158—2003）和《高毒物品作业岗位职业病危害告知规范》（GBZ/T 203—2007）的要求，设置警示标识，并注明高毒物品的名称、理化特性、健康危害，应急处理方式以及救援电话和职业卫生咨询电话等内容。

（2）根据《中华人民共和国职业病防治法》规定内容，在醒目位置设置职业卫生公告栏，公布有关职业病危害事故应急救援措施等内容。

（3）太阳能光伏发电厂各岗位通过远程监管在线系统在中控室集中控制生产设备，减少工人接触职业病危害因素时间。

第三节　电网企业职业病危害识别与防护

电网企业主要职责是把发电企业发出的电能安全、高效地传输至用户端，承担着保障安全、经济、清洁、可持续电力供应的基本使命。电网企业工作区域覆盖范围广，涉及额定电压等级多，工作场所中存在多种职业病危害因素，可对工作人员的健康造成一定程度的影响。为了预防和减少电网工作人员职业危害风险，本节以电网企业主要工作场所变电站为例，对变电站存在的职业病危害因素进行了识别和分析，预测其对相关人员的健康影响，提出合理可行的防护对策，为电网企业的职业病防治和保护劳动者健康提供科学依据。

一、电网企业简介

我国电网企业主要为国家电网公司、南方电网公司和地方独立电网企业。变电站是电网企业主要工作场所，是电力系统中变换电压、接受和分配电能、控制电力流向和调整电压的场所，通过站内变压器将不同电压等级电网联系起来。电能通过输电线路进入变电站，通过配电装置进入变压器，变压器进行电压变换后再通过其他电压等级的配电装置将电能输出。

1. 变电站分类

我国变电站主要分为一类、二类、三类、四类变电站。

（1）一类变电站是指交流特高压站，核电、大型能源基地（300 万千瓦及以上）外送及跨大区（华北、华中、华东、东北、西北）联络 750/500/330 千伏变电站。

（2）二类变电站是指除一类变电站以外的其他，750/500/330 千伏变电站，电厂外送变电站（100 万千瓦及以上、300 万千瓦以下）及跨省联络 220 千伏变电站，主变压器或母线停运、开关拒动造成四级及以上电网事件的变电站。

（3）三类变电站是指除二类以外的 220 千伏变电站，电厂外送变电站（30 万千瓦及以上、100 万千瓦以下），主变压器或母线停运、开关拒动造成五级电网事件的变电站，为一级及以上重要用户直接供电的变电站。

（4）四类变电站是指除一、二、三类以外的 35 千伏及以上变电站。

2. 变电站设备

变电站内的电气设备分为一次设备和二次设备。

（1）一次设备是指直接生产、输送、分配和使用电能的设备，主要包括变压器、高压断路器、隔离开关、母线、避雷器、电容器、电抗器等。

（2）二次设备是指对一次设备和系统的运行工况进行测量、监视、控制和保护的设备，主要由包括继电保护装置、自动装置、测控装置、计量装置、自动化系统以及为二次设备提供电源的直流设备。

二、变电站主要职业病危害识别

变电站职业病危害主要发生于变电站运行和检修两个阶段。变电站运行时产生的职业病危害因素有工频电场、噪声、六氟化硫及其分解物、变压器油。变电站检修包括变电检修、二次设备检修和电气试验，其作业种类主要有电焊作业、油漆作业、电缆检修作业、变压器检修作业、化验作业、清理作业等，在这些作业过程中存在相应的职业病危害因素。

1. 变电站运行时产生的职业病危害因素

（1）工频电场

电能在输送或电压转换过程中，主变压器和高压配电设备与周围环境存在电位差，形成工频（50 赫兹）电场；输变电设备还有很强的电流流过，在其附近形成工频磁场。

（2）噪声

变电站噪声主要分为两种，即机械噪声和电磁噪声。

1）机械噪声。由于机械设备运转时，部件间的摩擦力、撞击力或非平衡力，使机械部件和壳体产生振动而辐射噪声。这类噪声中以中、低频为主。变电站的主要机械噪声源为排风装置、变压器冷却风机等。

2）电磁噪声。电磁噪声由电磁场交替变化而引起某些机械部件或空间容积振动产生的噪声。变压器、电抗器和电晕是变电站主要电磁噪声源。

（3）六氟化硫及其分解物

六氟化硫的化学性质比较稳定，在常温、常压下密度约为空气密度的 5 倍，该气体是无毒性反应的。但当该气体的含水量超过一定量时（一般 $>1\ 000\times10^{-6}$），会在电离作用下分解产生剧毒的高氟或低氟化硫，在常温下绝大多数分解产物又结合为六氟化硫气体。由于运行电器设备内部残留水分的扩散，运行一段时间后，电气设备内部会存在一定量六氟化硫分解产物，如遇设备渗漏或进行六氟化硫气体采样、设备检修等作业时，会有一定量六氟化硫及其分解产物挥发出来，可能对作业人员造成危害。

（4）变压器油

变压器中有大量变压器油，变压器油中含有烷烃类、芳香烃、烯烃等类化合物，可能对作业人员造成危害。

2. 变电站检修时产生的职业病危害因素

（1）电焊作业

电焊作业可产生电焊烟尘；所用焊药成分不同，烟尘中可能含有锰、铬、硅、氟等化合物以及臭氧、一氧化氮、二氧化氮等有毒气体；电焊弧光发射出强烈的紫外线，会对眼睛造成严重伤害，可导致电光性眼炎。

（2）油漆作业

油漆作业时，油漆中含有苯、甲苯、二甲苯等多种有毒有机化合物，在油漆作业过程中上述有毒物质弥散在整个作业场所中，对人体造成伤害。

（3）电缆检修作业

电缆检修作业需要进入电缆沟或隧道等密闭空间作业，其进出口受限制，而且通风不良，内部空气中的氧体积分数可能低于 18%；有时还可能含有有毒气体，在其内部进行检修作业可能发生人员中毒和窒息危害。

（4）变压器检修作业

变压器检修时，变压器油主要成分为烷烃类、芳香烃、烯烃等类化合物，含芳香烃的油蒸汽具有麻醉和痉挛作用。

（5）化验作业

化验作业时，化验人员定期进行变压器油、六氟化硫气体品质检测，需要使用多种酸碱和有机溶剂等有毒有害化学物质。

（6）清理作业

变电站设备检修过程中清除检修之后存在的油污会用到化学清洗剂，化学清洗剂包括化工洗涤剂和除油除胶剂等，其使用量少。

三、职业病危害因素针对性防护

1. 工频电磁场防护措施

厂房采用钢框架金属丝结构，有效屏蔽工频电磁场；选用外带良好屏蔽措施的电气设备和低压电磁场强度的电气设备；输电线路距离地面保持安全距离；建筑物保持良好接地。

为接触工频电场的巡检人员配备有效的个人防护用品，如屏蔽服、鞋、帽等，并经常检查其屏蔽、绝缘效果。安监员督促职工佩戴防护用品，不佩戴防护用品的不得进入露天输变电设备区巡检。对工作人员进行定期的体检。

2. 噪声防护措施

变电所的主要噪声源为变压器，主变压器布置尽量远离其他电器设备，降低各噪声源之间的相互干扰；主要工作及生产辅助设施避开强噪声源；综合楼采用隔音材料。

为工人配备声衰减值足够、舒适有效的护耳器（耳罩或耳塞）等个人防护用品。噪声超标的岗位操作或巡检工除要求佩戴有效的个人防护用品外，同时加强监督检查，确保作业人员的健康。

3. 有毒物质防护措施

高压断路器（六氟化硫开关）、主变压器布置在露天，通风良好，变电所计算机控制室全程监控高压断路器压力变化，配电室配置适量轴流风机以保持室内通风良好。

4. 高温防护措施

厂房室内人工空气调节，温度控制在 24 ~ 28 摄氏度；针对夏季户外巡检过程中存在的高温作业，工作人员应穿耐热、导热系数小且透气性能好的工作服，并戴好安全帽、防护眼镜、面屏、手套、鞋盖、护腿等个人防护用品；配备人丹、十滴水、藿香正气水、风油精等防暑降温药品；补充与出汗量相等的水分和盐分，饮料的含盐量以 0.1%~0.3% 为宜，饮水方式以少量多次为宜，适当增加高热量饮食和蛋白质以及维生素和钙等。

四、应急救援措施

1. 编制事故应急预案和防范措施。应急救援预案应及时修订、不断完善，并定期组织演习。设立相应的应急救援措施、设备；有经培训的应急救援人员和应急救援器材、设备。

2. 完善职业医疗卫生和职业卫生管理程序，加强职业卫生管理组织机构的建设，完善职业卫生和职业卫生管理体系，配备必要的医疗设施和设备，做好人员及技术准备。

3. 做好医学应急准备与计划。

第四节 电力建设施工企业职业病危害识别与防护

我国电力行业不断发展提升，电力建设工程在数量和质量方面的需求都在提高，电力建设工程是决定电力行业良好发展的重要环节之一。电力建设工程是指火电、水电、核电（除核岛外）、风电、太阳能发电等发电建设工程和输变电等电网建设工程。电力建设施工行业存在露天作业、高处作业、交叉作业等影响安全的不稳定因素，为预防和控制电力建设施工过程中的职业病危害，本节以变电站施工过程中的职业病危害因素和控制措施为例进行分析，为电力建设施工职业病防治和保护劳动者健康提供科学依据。

一、变电站施工工程简介

变电站施工过程分为土建施工、设备安装以及设备调试三个阶段。

二、变电站施工工程主要职业病危害识别

1. 土建施工

土建期施工人员接触的职业病危害因素主要包括噪声、高温、全身振动、局部振动、粉尘、金属粉尘、沥青烟、有机溶剂、甲醛、陶瓷粉尘、氧化钙、氢氧化钙、木粉尘等。

（1）噪声

施工人员在使用打桩机、推土机、挖掘机等作业时接触高噪声设备。

（2）高温

土建施工多为室外作业，夏季施工时受到太阳辐射产生的高温影响。

（3）全身振动、局部振动

施工人员在使用打桩机、推土机、混凝土搅拌棒作业时接触全身振动或局部振动。

（4）粉尘、有机溶剂等

混凝土配制、装饰装修、筑路、养护施工人员会接触到粉尘、有机溶剂等。

2. 设备安装

设备安装期施工人员接触的职业病危害因素主要包括噪声、高温、工频电场、电焊弧光、粉尘、电焊烟尘、锰及其无机化合物、一氧化碳、臭氧、氮氧化物、苯、甲苯、二甲苯以及芳香族化合物。

（1）噪声

机械设备、电气设备、管线安装时接触噪声。

（2）高温

室外作业夏季施工时受到太阳辐射产生的高温影响。

（3）工频电场

电气安装时工人会接触到工频电场。

（4）电焊弧光

设备安装焊接时施工人员接触电焊弧光。

3. 设备调试

设备调试期调试工人会接触到生产过程中使用到的原辅物料、

产物、副产物及设备运行产生的噪声、工频电场等，接触到的职业病危害因素主要包括噪声、工频电场、高温、煤尘、矽尘，石灰石粉尘、石膏粉尘、氯化氢及盐酸、氢氧化钠、一氧化碳、二氧化硫、一氧化氮、二氧化氮、氨、联氨（肼）、六氟化硫及分解物、抗燃油、润滑油、柴油。

三、职业病危害因素针对性防护

1. 土建施工阶段

（1）防噪声

使用打桩机、推土机、挖掘机等作业时，选择低噪声设备，并对产生高噪声的施工设备采取隔声、消声、隔振降噪并减少高噪声设备作业点密度，为工人配发防护耳罩，采用轮班作业等措施可有效降低噪声对工人的健康影响。

（2）防高温

施工单位避开中午作业时间，在各种机械和运输车辆的操作室和驾驶室设置空调等，降低室外作业高温对工人的健康影响。

（3）防振动

施工单位采用自动、半自动操作装置，减少手及肢体直接接触振动体，安装防振手柄，劳动者佩戴防振手套，挖土机、推土机、铺路机等司机设置减振设施，采取轮流作业方式等，降低全身振动、局部振动对工人的健康影响。

（4）防尘、有机溶剂

施工单位采用新技术、新材料、新设备，将挖土机、推土机、铺路机等施工机械的驾驶室或操作室密闭隔离，并在进风口设置滤尘装置，设置局部防尘设施和净化排放装置，设置全面通风或局部通风，在电焊作业时设置局部通风防尘装置，施工时工人在上风向作业并佩戴防尘/防毒口罩。

2. 设备安装阶段

（1）防噪声

施工单位为工人配发防噪耳塞，减少作业时间，降低噪声对工人的健康影响。

（2）防高温

施工单位避开中午作业时间，减少工人每天室外作业时间，降低高温对工人的健康影响。

（3）防工频电场

施工单位采用轮班作业的方式降低工频电场的影响。

（4）防电焊弧光

施工单位采用自动或半自动焊接方式，为施工人员配发面罩、防护镜以减少电焊弧光对施工人员的健康影响，在产生电焊弧光的施工现场使用不透明或半透明的挡板将该区域与其他施工区域分割来降低电焊弧光对其他人员的影响。

3. 设备调试阶段

施工人员可采用打开防护设施、减少作业时间、佩戴个人防护用品等措施以降低职业病危害因素对工人的健康影响。

四、应急救援措施

1. 应急救援预案

制定应急救援预案包含如下四个方面：职业中毒事故应急救援预案；对发生急性中毒的作业场所设置事故通风设施、报警装置、Z型应急撤离通道和必要的泄险区；建立应急救援网络，落实应急救援组织、人员，配备必要的防毒面具、急救药品等；按照应急救援预案的规定，定期进行训练和演习。

2. 应急救援组织机构

电力建设工程在变电站站内配备职业卫生及安全防护用品用具，配备急救设施和急救人员，对急救人员进行相关知识和技能的培训。变电站计划投产后应与就近医院建立医疗救治协作关系。

本章小结

1. 电力行业职业病危害因素有噪声、振动、工频电场、高频电场、六氟化硫、二氧化碳、二氧化硫、一氧化碳、氮氧化物、粉尘等。

2. 传统能源火力发电厂运营和维护过程中，主要包括粉尘、噪声、有害有毒化学物质和高温四种职业病危害因素。新能源太阳能光伏发电厂生产过程中，主要包括噪声、工频电场、高温、紫外线等职业病危害因素。

3. 变电站运行时职业病危害因素有工频电场、噪声、六氟化硫及其分解物、变压器油。变电站检修过程中，电焊作业、油漆作业、电缆检修作业、变压器检修作业、化验作业、清理作业等存在相应的职业病危害因素。

4. 变电站土建期施工职业病危害因素主要包括噪声、高温、全身振动、局部振动、粉尘、金属粉尘、沥青烟、有机溶剂、甲醛、陶瓷粉尘、氧化钙、氢氧化钙、木粉尘等。设备安装期职业病危害因素主要包括噪声、高温、工频电场、电焊弧光、粉尘、电焊烟尘、锰及其无机化合物、一氧化碳、臭氧、氮氧化物、苯、甲苯、二甲苯以及芳香族化合物。设备调试期主要职业病危害因素包括噪声、工频电场、高温、煤尘、矽尘、石灰石粉尘、石膏粉尘、氯化氢及盐酸、氢氧化钠、一氧化碳、二氧化硫、一氧化氮、二氧化氮、氨、联氨（肼）、六氟化硫及分解物、抗燃油、润滑油、柴油。

第六章复习思考题

一、填空题

1. 电力行业主要包括发电、________、变电、________和用电等环节。

2. 火力发电中，主要职业病危害因素为________、噪声、________、氮氧化物、臭氧、________。

3. 个体防护方面，高压巡线时穿戴合格的以金属丝织成的________，并戴好防护手套、防护帽等。

4. 发电厂是我国能源的重要支柱，主要有火力发电厂、________、核电厂、________、太阳能光伏发电厂等。

5. 噪声对人体健康的危害主要包括听觉系统、________、________、消化系统。

6. 火力发电厂有害有毒化学物质有一氧化碳、________、盐酸、________、氯气。

7. 光伏发电系统是由太阳能电池方阵、________、充放电控制器、________、________、太阳跟踪控制系统等设备组成的。

8. 变电站运行时产生的职业病危害因素有________、噪声、________、变压器油。

9. 电力建设工程，是指火电、水电、核电（除核岛外）、风电、太阳能发电等发电建设工程和________。

二、选择题

1. 工频电场的侵入途径是(　　)。

A. 听觉器官　B. 肌体体表　C. 吸入　D. 视力器官

2. 下列不属于太阳能光伏发电厂生产过程中存在的职业病危害是(　　)。

A. 噪声　B. 工频电场　C. 粉尘　D. 紫外线

3. 变电站噪声主要分为两种，即机械噪声和(　　)。

A. 气体动力噪声　B. 电磁噪声

C. 稳态噪声　D. 脉冲噪声

4. 当六氟化硫气体的含水量超过(　　)时，会在电离作用下分解产生剧毒的高氟或低氟化硫。

A. $1\ 200 \times 10^{-6}$　B. $1\ 100 \times 10^{-6}$

C. $1\ 000 \times 10^{-6}$　D. 900×10^{-6}

三、问答题

1. 电力行业各环节中产生的主要职业病危害有哪些?

2. 电力行业职业病危害因素对人体有哪些健康影响?

3. 电力行业职业卫生防护相关措施有哪些?

4. 火力发电厂的主要职业病危害及防护措施有哪些?

5. 太阳能光伏发电厂的主要职业病危害及防护措施有哪些?

6. 变电站运行和检修时主要职业病危害及防护措施有哪些?

7. 变电站施工时主要职业病危害及防护措施有哪些?

第七章　电力行业应急救援知识

本章学习目标

（1）了解电力行业应急救援基本要求。

（2）掌握触电急救救护原则与方法。

（3）了解创伤急救的基本原则与方法。

（4）了解溺水的急救原则及注意事项。

（5）了解中暑的急救原则与急救步骤。

（6）理解一般有毒气体的急救原则。

（7）了解伤员搬运的基本原则与方法。

第一节　电力行业应急救援基本要求

我国电力行业在规模持续扩大、技术迭代升级的过程中，各类突发灾害也频繁发生，2008 年的雨雪冰冻天气和“5・12”汶川大地震给当地电力系统造成了严重破坏。近年来，2021 年美国得州“2・15”大停电，2019 年阿根廷“6・16”大停电，2016 年澳大利亚“9・28”大停电等事故频发，对我国电力行业的应急救援工作提出了更高要求。

必须承认，当灾害或事故发生后的几分钟、十几分钟，往往是抢救危重伤员最重要的时刻，医学上称为“救命的黄金时刻”。在此时间内抢救及时、正确，生命有可能被挽救；反之则生命丧失或病情加重。现场及时、正确的救护，为医院救治创造了条件，能最大限度地挽救伤员的生命和减轻伤残。在事故现场“第一目击者”对伤员实施有效的初步紧急救护措施，以挽救生命，减轻伤残和痛苦。然后在医疗救护下或运用现代救援服务系统，将伤员迅速送到就近的医疗机构继续进行救治。

一、紧急救援组织

院外急救是指在医院之外的环境中对各种危及生命的急症、创伤、中毒、灾难事故等伤病者进行现场救护、转运及途中救护的统称。

电力行业各企业单位应组建相应的院外急救网络，形成现场急救—转送急救—医院急救的急救链，以提高伤员抢救的成功率。

电力行业各企业单位的院外紧急救护小组应明确任务，熟练掌握各种急救技术，并负责对本单位人员进行紧急救护技术培训。紧急救护小组应经常处于应急状态，接到急救通知后，应以最快的速度到达现场开展紧急救护工作。在现场紧急救护的同时，应立即与当地急救中心或就近医院取得联系，以得到下一步的急救指导。

院外急救小组应准备随时接受重大急救指令或现场紧急救护人员的咨询，并负责和指导伤员转送。

现场事故发生后，在现场的工作人员应在班组安全员或受过紧急救护培训人员的带领下，迅速地开展现场紧急救护工作，并及时向有关部门报告，请求急救医疗支援。

二、紧急救护设备

生产现场与流动作业车应配备简易急救箱或存放相应的急救物品，并由专人负责，定期检查、补充及更换。

电力行业各企业医院院外急救小组应配备呼吸机、自动体外除颤器、专用急救箱、急救用车辆及必要的通信设备。

三、现场紧急救护基本要求

紧急救护应就地抢救，动作迅速、果断，方法正确、有效。

紧急救护的基本原则：在现场采取积极措施保护伤员生命，减轻伤情，减少痛苦，并根据伤情需要，迅速联系医疗部门救治。急救的成功条件是动作快，操作正确，任何拖延和操作错误都会导致伤员伤情加重或死亡。

此外，在现场要仔细观察伤员全身的伤势情况，防止伤情恶化。如果发现呼吸中断、心跳停止，应立即在现场就地抢救，并用心肺复苏法来支持呼吸和血液循环，给大脑、心脏等重要器官供氧。

所有电力行业的工作人员都应定期接受培训，学会紧急救护法，会正确使触电者脱离电源，会心肺复苏法，会止血，会包扎，会正确转移运送伤员，会紧急处理创伤、溺水、高温中暑和中毒等情况，以保证不管发生什么类型的事故，现场工作人员都能当机立断，以最快的速度、最正确的方法进行急救，力争伤员尽快脱离生命危险。

第二节 触电急救

触电又称电损伤，是指一定数量的电流或电压通过人体，所引起一种局部性或全身性的损伤。触电事故在电力行业中时有发生。在直接接触电源、高压下作业或被雷电击中后，工作人员会出现人体组织严重损毁，如出现皮肤、肌肉、血管和神经等组织的坏死，严重者会伴有肝、肾等重要器官的损害和衰竭，甚至会危及生命。因此，每个电力企业职工都应掌握一定的急救知识并能进行及时有效的抢救，这样会大大降低触电事故的死亡率。

一、触电急救救护原则

人触电后会出现神经麻痹、呼吸中断、心脏停止跳动等现象，外表上也会呈现出不省人事的状态，这种情况不应该被认为是死亡，应迅速进行抢救。据统计，从触电后 1 分钟开始救治，伤者有 90% 的概率会复苏，而从触电后 6 分钟开始救治，伤者的复苏概率会下降到 10%，如果触电时间继续延长，伤者被救活的可能性会进一步降低，12 分钟后开始抢救，复苏概率几乎为 0。由此可见，及时准确救治是非常重要的。

触电急救的救护原则为迅速、就地、准确、坚持。

二、脱离电源及脱离电源后的急救

触电急救首先要使触电者迅速摆脱电源，越快越好，因为电流作用时间越长，对人体伤害就越严重。

脱离电源就是要把触电者接触的那一部分带电设备的开关或其他断电设备断开，或设法将触电者与带电设备脱离。在脱离电源前，救护人员不得用手直接触及触电者，以免救护人员同时触电，在脱离电源的过程中，救护人员要注意保护自身安全。例如，触电者处于高处，则还需采取相应措施，防止触电者脱离电源后自高处坠落形成复合伤。

1. 低压触电可采用下列方法使触电者脱离电源

（1）如果触电地点附近有电源开关或电源插座，可立即拉开开关或拔出插头，断开电源，但应注意只控制一根线的开关可能因安装问题，只能切断中性线而没有断开电源的相线。

（2）可使用绝缘工具、干燥木棒、木板、绳索等不导电的东西解脱触电者，或抓住触电者干燥而不贴身的衣服将其拖开（切记要避免碰到金属物体和触电者的裸露身躯），还可戴绝缘手套，将手用干燥衣物等包裹绝缘后解脱触电者。另外，救护人员可站在绝缘垫上或干木板上，使触电者与导电体解脱，在操作时最好用一只手进行操作。

（3）如果电流通过触电者入地，并且触电者紧握电线，可设法用干木板塞到其身下，与地隔离，也可用干木把斧子或有绝缘柄的钳子等将电线弄断。用钳子剪断电线，最好要分相，一根一根地剪断，并尽可能站在绝缘物体或干木板上操作。

（4）如果触电发生在低压带电架空线配电台架、户线上，若能立即切断线路电源，应迅速切断电源，或者由救护人员迅速登杆至可靠的地方，束好自己的安全皮带后，用带绝缘胶柄的钢丝钳、干燥的不导电物体或绝缘物体将触电者拉离电源。

（5）如果触电发生在电缆沟道、隧道内，且不能立即断开电源开关，宜采取抖动电缆的方式使触电者脱离电源。发生因电缆绝缘损坏触电，不得采取直接剪断电缆的方式断开电源，防止相间短路起火，扩大伤害或影响救护，除非是单根单相电缆。

2. 高压触电可采用下列方法之一使触电者脱离电源

（1）立即通知有关供电单位或用户停电。

（2）戴上绝缘手套，穿上绝缘靴，用适合该电压等级的绝缘工具按顺序拉开电源开关或熔断器。

（3）极端情况下，抛掷裸金属线使线路短路接地，迫使保护装置动作，断开电源。注意，抛掷金属线之前，应先将金属线的一端固定可靠接地，另一端系重物抛掷，抛掷的一端不可触及触电者和其他人。另外，抛掷者抛出线后，要迅速离开接地的金属线 8 米以外或双腿并拢站立，防止跨步电压伤人。在抛掷短路线时，应注意防止电弧伤人或断线危及人员安全。

如果触电者触及断落在地上的带电高压导线，要先确认线路是否无电，确认线路已经无电时，才可在触电者离开触电导线后立即就地进行急救。如发现有电时，救护人员应做好安全措施（如穿绝缘靴或临时双脚并紧跳跃以接近触电者），才可以接近以断线点为中心的 8 ~ 10 米的范围内（以防止跨步电压伤人）。救护人员将触电者脱离带电导线后，应迅速将其带至 8 ~ 10 米以外，再开始心肺复苏急救。

救护人员在抢救过程中应注意保持自身与周围带电部分必要的安全距离。不论是在何级电压线路上触电，救护人员在使触电者脱离电源时，要注意防止发生从高处坠落和再次触及其他有电线路。

救护触电伤员切除电源时，有时会同时使照明失电，因此，应考虑事故照明、应急灯等临时照明，新的照明要符合使用场所的防火、防爆要求，但不能因此延误切除电源和进行急救。

3. 脱离电源后的急救

当触电者已经脱离电源后，应尽量在现场抢救。原则上是先救后运，要根据情况及时进行相应的救治。

（1）对神志清醒的触电伤员，应将其就地躺平，严密观察呼吸、脉搏等生命指标，暂时不要让其站立或走动。

（2）对神志不清的触电伤员，应用 5 秒时间呼叫伤员或轻拍其肩部，掐压伤员的人中，以判定伤员是否丧失意识，禁止摇动伤员头部呼叫，如无反应，则高声呼救，寻求他人帮助，并立即进行心肺复苏抢救，同时拨打当地紧急救援电话，通知紧急救援中心。

（3）触电者如没有意识，应在10秒内用看、听、试的方法判定伤员有无呼吸，如图7-1所示。同时用食指及中指指尖先触及颈部气管正中部位，然后向旁滑移2～3厘米，在胸锁乳突肌内侧触摸颈动脉是否有搏动，检查时间不要超过10秒，如10秒内不能明确感觉到脉搏，立即进行心肺复苏。

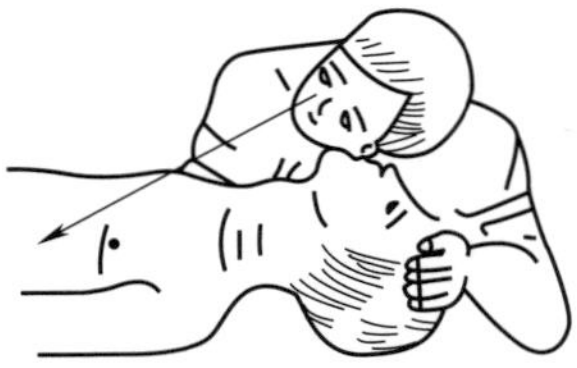

图7-1　判断有无呼吸的方法

1）看：看伤员的胸部、上腹部有无呼吸起伏动作。

2）听：用耳贴近伤员的口鼻处，听有无呼气声音。

3）试：用面部的感觉测试口鼻有无呼气气流，也可用毛发等物放在口鼻处测试。

（4）对需要进行心肺复苏的伤员，将其就地放平，颈部与躯干始终保持在同一个轴面上，解开伤员领扣和皮带，去除或剪开限制呼吸的胸腹部紧身衣物，立即就地迅速进行有效心肺复苏抢救。

（5）使用自动体外除颤仪（AED）对有目击心搏骤停的成人进行除颤。AED开机后按语音提示要求及步骤操作，实现自动语音提示下的电击除颤。若成人在未受监控的情况下发生心搏骤停，或不能立即取得AED，应在他人前往获取及准备AED时开始心肺复苏。

（6）胸外心脏按压。

1）正确按压位置是保证胸外按压效果的重要前提，可用以下两种方法之一来确定，如图7-2所示。

方法一：胸部正中，双乳头之间，胸骨的下半部即为正确的按压位置。

方法二：沿触电伤员肋弓下缘向上，找到肋骨和胸骨接合处的中点，两手指并齐，中指放在切迹中点（剑突底部），食指平放在胸骨干部，另一只手的掌根紧靠食指上缘，置于胸骨上，即为正确按压位置。

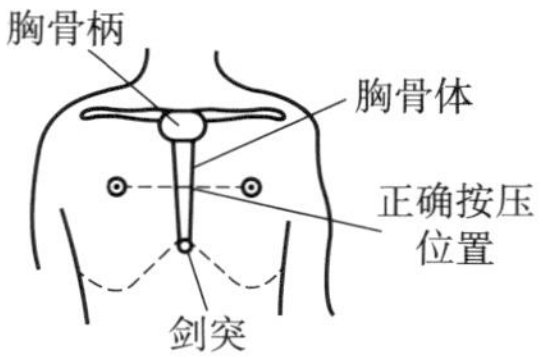

a）方法一

b）方法二

图 7-2　正确的胸外心脏按压位置

2）正确的按压姿势是达到胸外按压效果的基本保证，如图 7-3 所示。按压姿势主要按以下方式进行。

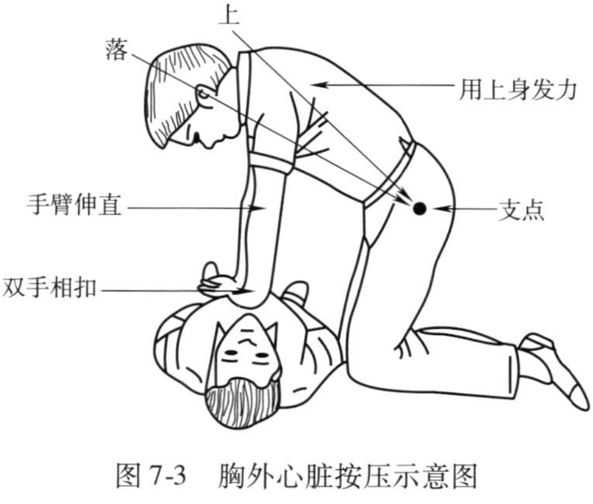

图 7-3　胸外心脏按压示意图

触电伤员仰面躺在平硬的地方，救护人员立或跪在伤员一侧胸旁，救护人员的两肩位于伤员胸骨正上方，两臂伸直，肘关节固定不屈，两手掌根相叠，手指翘起，将下面手的掌根部置于伤员按压位置上。

以髋关节为支点，利用上身的重力，垂直将正常成人胸骨压陷 5～6 厘米（瘦弱者酌减）。

压至要求的程度后，立即全部放松，但放松时救护人员的掌根不得离开胸壁。

3）按压操作频率要求如下。胸外按压要以均匀的速度进行，每分钟 100～120 次，每次按压和放松的时间相等。

胸外按压与口对口（鼻）人工呼吸的比例为：单人抢救时，每按压 30 次吹气 2 次（30∶2），反复进行；双人抢救时，每按压 30 次后由另一人吹气 2 次（30∶2），反复进行。

4）在按压时不能用力过大，因用力过大易发生肋骨、胸骨骨折，甚至引起气胸、血胸等并发症，这是复苏失败的原因之一。

5）双人或多人复苏应每 2 分钟（按压吹气 5 组循环）交换角色，以避免因胸外按压者疲劳而引起的胸外按压质量和频率削弱。在交换角色时，其抢救操作中断时间不应超过 10 秒。

（7）开放气道。一般用仰头抬颏的手法开放气道：一只手放在伤员前额，用手掌把额头用力向后推，另一只手的食指与中指置于下颏骨处，向上抬起下颏（对颈部有损伤的伤者不适用），两手协同将头部推向后仰，如图 7-4 所示，舌根随之抬起，气道即可通畅，如图 7-5 所示。严禁用枕头或其他物品垫在伤员头下，这样会使头部抬高前倾，加重气道阻塞，并且会使胸外心脏按压时流向脑部的血流减少，甚至消失。如发现伤员口内有异物，要清除伤者口中的异物和呕吐物，可用指套或指缠纱布清除口腔中的液体分泌物。清除固体异物时，一手按压开下颏，迅速用另一手食指将固体异物钩出或用两手指交叉从口角处插入，取出异物，操作中要注意防止将异物推到咽喉深部。

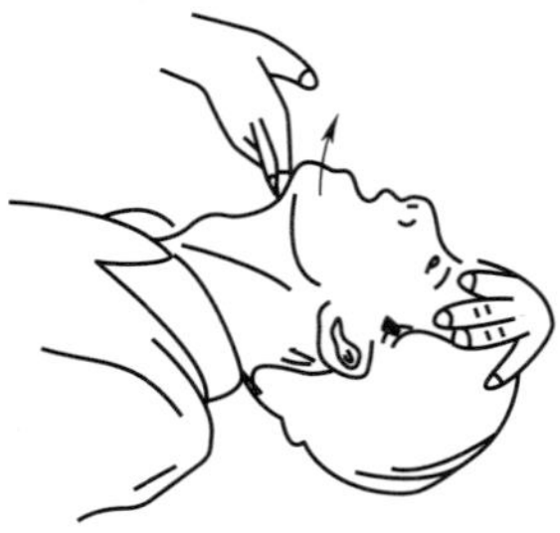

图 7-4　仰头抬颏法

（8）人工呼吸。在将触电者的气道开放之后，立即对其进行人工呼吸。

口对口（鼻）人工呼吸方法主要有：

1）在保持伤员气道通畅的同时，救护人员用放在伤员额上的

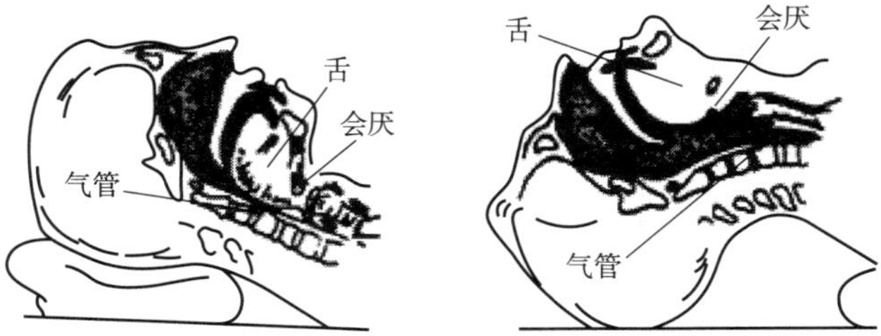

图 7-5 气道开放

手捏住伤员鼻翼，救护人员吸气后，与伤员口对口紧合，在不漏气的情况下，先连续吹气两次，口对口人工呼吸方法如图 7-6 所示。

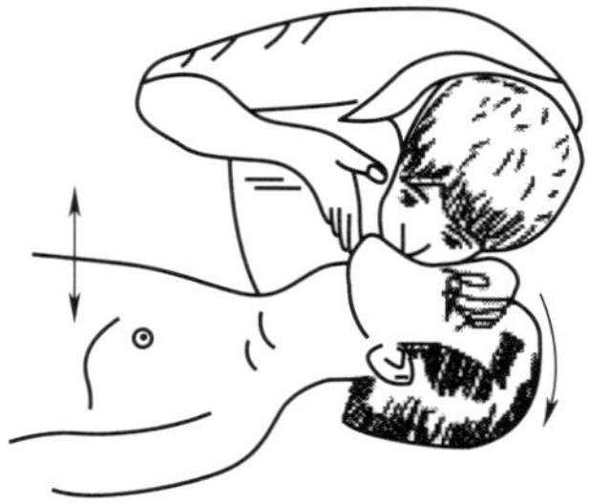

图 7-6 口对口人工呼吸方法

2）每次吹气时间 1 秒以上，如果吹气量足够，就能够看见胸廓起伏，吹气时如有较大阻力，可能是头部后仰不够，应及时纠正，在吹气时应避免过快、过强。

3）触电伤员如牙关紧闭，可口对鼻人工呼吸，口对鼻人工呼吸吹气时，要将伤员嘴唇紧闭，防止漏气。

4）如有条件，可用简易呼吸面罩、呼吸隔膜进行隔式人工呼吸，以避免直接接触引起交叉感染。

（9）在对触电者进行人工呼吸和胸外心脏按压之后，救护人员要对伤员进行再判断：

1）按压吹气 2 分钟后（相当于抢救时做了 5 组 30∶2 按压吹气循环以上），应用听、看、试的方法在 5～10 秒时间内完成对伤员呼吸是否恢复后再判断。

2）若判定呼吸未恢复，则继续坚持用心肺复苏技术抢救。

3）在医务人员未接替抢救前，现场抢救人员不得轻易放弃现场抢救。

三、伤员的转移与运送

心肺复苏应在现场就地坚持进行，不要为方便而随意移动伤员，如确实需要移动，抢救中断时间不应过长。

移动伤员或将伤员送医院时，除应使伤员平躺在担架上，并在其背部垫以平硬木板外，还应继续抢救，心跳呼吸停止者应继续用心肺复苏技术抢救，并做好保暖工作。转移运送伤员的方法如图 7-7 所示。

在转送伤员去医院前，应立即通知有关医院，请求做好接收伤员的准备，同时应对触电伤员的其他合并伤如骨折、体表出血等作相应处理。

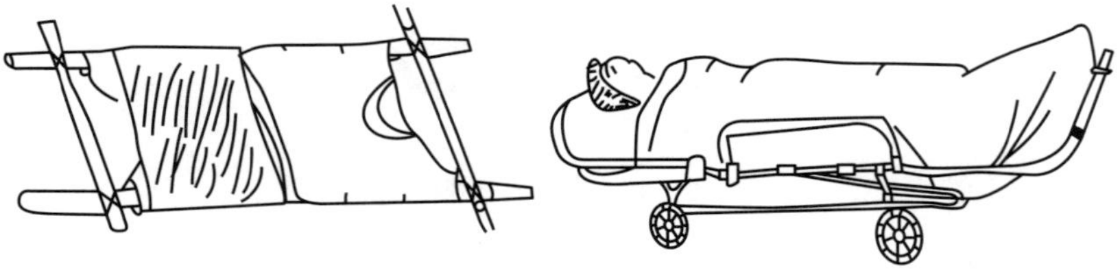

图 7-7　转移运送伤员的方法

第三节　创伤急救

在电力行业中，现场工作人员有时会发生电灼伤、高空坠落、冻伤和动物咬伤等事故。一旦出现这些情况，必须第一时间对伤员进行创伤急救。

一、创伤急救的基本原则

进行创伤急救的主要目的是维持伤员生命，避免继发性损伤，防止伤口感染。

创伤急救原则上是先抢救，后固定，再搬运，并注意采取措施，防止伤情加重或污染，需要送医院救治的，应做好保护伤员的措施后再送医院救治。

创伤急救所遵循的顺序原则为先抢后救、先重后轻、先急后缓、先近后远、继续监护、救治同步。

抢救前先使伤员安静躺平，判断全身情况和受伤程度，如有无出血、骨折和休克等。

若发现体表出血应立即采取止血措施，防止失血过多而休克。外观无伤，但呈休克状态，神志不清或昏迷者，要考虑胸腹部内脏或脑部受伤的可能性。

为防止伤口感染，应用清洁布片覆盖，救护人员不得用手直接接触伤口，更不得在伤口内堵塞任何东西或随便用药。

搬运时应使伤员平躺在担架上，腰部束在担架上，防止跌下。平地搬运伤员时头部在后，上楼、下楼、下坡时头部在上，搬运中应严密观察伤员，防止伤情突变。

二、止血处理

如果发现伤员出现出血症状，应立即采取止血手段。否则失血过多会导致伤员昏迷甚至休克，甚至会危及生命。

失血处理有以下几种方法：抬高伤肢法、加压包扎止血法、屈肢加垫止血法、填塞止血法、指压止血法、止血带止血法等。

抬高伤肢法是将受伤的肢体抬高使出血部位高于心脏，降低出血部位的血压而减少出血，如图 7-8 所示。抬高伤肢法适用于四肢的毛细血管和小静脉出血，在其他情况下只能作为一种辅助方法。

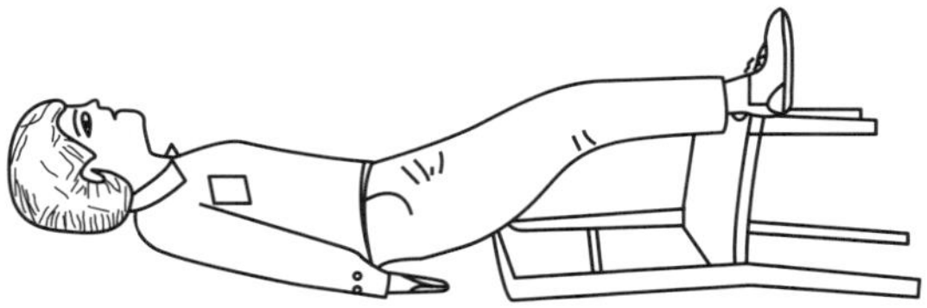

图 7-8 抬高伤肢法

加压包扎止血法是指用消毒纱布或干净的毛巾、布块折叠成比伤口稍大的垫盖住伤口，再用绷带或折成条状布带或三角巾紧紧包扎，其松紧度以能达到止血目的为宜。此种止血方法，多用于静脉出血和毛细血管出血。

屈肢加垫止血法是适用于四肢非骨折性创伤的动脉出血的临时止血措施。当前臂或小腿出血时，可于肘窝或腘窝内放纱布、棉花、毛巾作垫，屈曲关节，用绷带将肢体紧紧地缚于屈曲的位置，如图 7-9 所示。

图 7-9　屈肢加垫止血法

填塞止血法是指用消毒的纱布、棉垫等敷料填塞在伤口内，再用绷带或三角巾加压包扎，松紧度以达到止血为宜，常用于颈部、臂部等较深伤口。

指压止血法是根据动脉的走向，在出血伤口的近心端，利用大拇指的压力将出血伤口的供血动脉压向骨骼从而达到止血目的。常用于头部、颈部、四肢的出血。

止血带止血法只适用于四肢大血管出血，能用其他方法临时止血的不要轻易使用止血带。止血带应绑在上臂的上 1/3 处和大腿中部；不应在上臂的中 1/3 处和腘窝下使用止血带，以免损伤神经。止血带止血法如图 7-10 所示。若放松时观察已无大出血可暂停使用。严禁用电线、铁丝、细绳等作止血带使用。

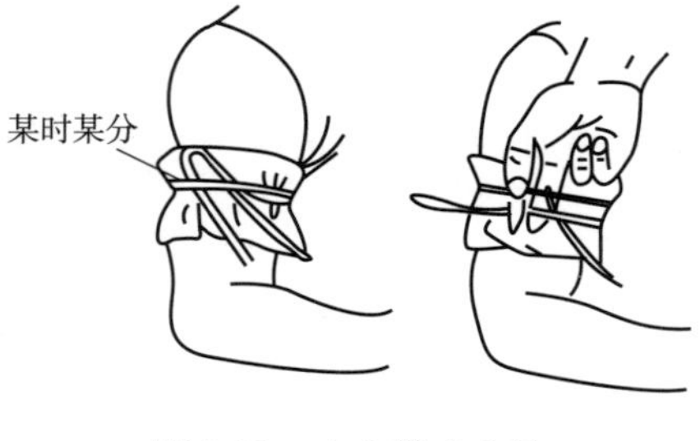

图 7-10　止血带止血法

在伤口渗透血的处理上，要用比伤口稍大的消毒纱布覆盖伤口数层，然后进行包扎，若包扎后仍有较多渗血，可再加绷带适当加压止血。

在伤口大出血处理上，伤口出血呈喷射状或涌出鲜红血液时，根据出血部位不同，立即用清洁手指压迫出血点上方（近心端），使血流中断，并将出血肢体抬高或举高，以减少出血量。

用止血带或弹性较好的布带等止血时，应先用柔软布片、毛巾或伤员的衣袖等数层垫在止血带下面，以左手的拇指、食指、中指持止血带的头端，将长的尾端绕肢体一圈后压住头端，再绕肢体一圈，然后用左手食指和中指夹住尾端后，将尾端从止血带下拉过，由另一缘牵出，使之成为一个活结，如需放松止血带，只需将尾部拉出即可。

对四肢动脉出血，用绷带或三角巾勒紧止血时，可在伤口上部用绷带或三角巾叠成带状或就地取材勒紧止血。其方法是：第一道绑扎作垫，第二道压在第一道上面勒紧，如有可能，尚可在出血伤口近心端的动脉上放一个敷料或纸卷作垫，而后勒紧止血。

而对于使用止血带或弹性较好的布带等止血或使用绷带和三角巾勒紧止血时，止血以刚使肢端动脉搏动消失为度。每 60 分钟放松一次，每次放松 1～2 分钟，开始扎紧与每次放松的时间均应书面标明在止血带旁，扎紧时间不宜超过 4 小时。

三、骨折急救处理

肢体骨折时可用夹板或木棍、竹竿等将断骨上、下方的两个关节固定，如图 7-11 所示。也可利用伤员身体进行固定，避免骨折部位移动，以减少疼痛，防止伤势恶化，便于运输。

对开放性骨折且伴有大出血者，应先止血，再固定，并用干净布片覆盖伤口，然后速送医院救治，切勿将外露的断骨推回伤口内。

在发生肢（指）体断开时，应进行止血并妥善包扎伤口，同时将断肢（指）用干净布料包裹随送，最好低温（4 ℃）干燥保存，切忌用任何液体浸泡。

若怀疑伤员有颈椎损伤，在使伤员平卧后，可用沙土袋（或其他代替物）放置头部两侧使颈部固定不动，如图 7-12 所示。如需

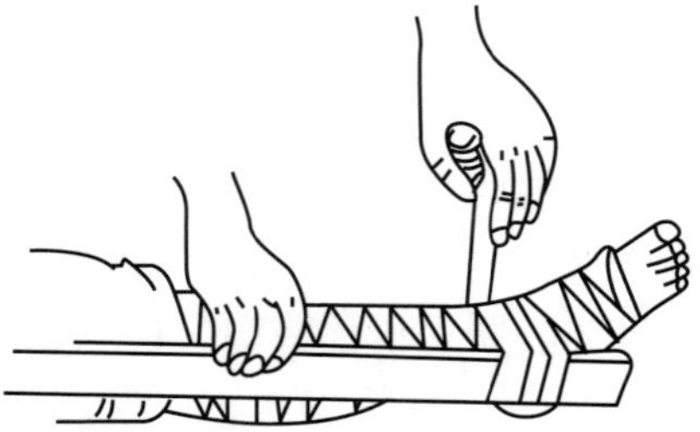

a）小腿骨折固定

b）前臂骨折固定

图 7-11　骨折固定处理

进行口对口呼吸时，只能采用抬颏使气道通畅，不能再将头部后仰移动或转动头部，以免引起截瘫或死亡。

腰椎骨折时应将伤员平卧在平硬木板上，并将腰椎躯干及两侧下肢一同进行固定，预防瘫痪，如图 7-13 所示。搬运时应数人合作，保持平稳，不能扭曲腰部。

图 7-12　颈椎骨折固定

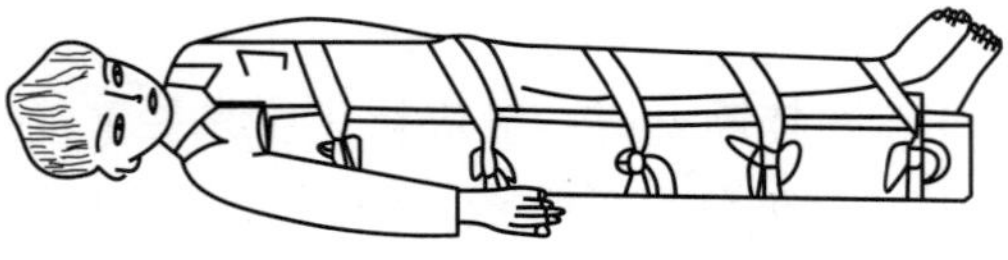

图 7-13　腰椎骨折固定

四、颅脑外伤处理

若发生颅脑外伤后应使伤员采取平卧位，保持气道通畅，若有呕吐，应扶好头部和身体，使头部和身体同时侧转，防止呕吐物造成窒息。

如果耳、鼻有液体流出，不要用棉花堵塞，只可轻轻拭去，以利降低颅内压力，也不可用力擤鼻，以防止液体再吸入鼻内，导致逆性感染。

有碎骨片时，切勿移动嵌压的碎骨片，可用无菌纱布覆盖，并进行相应包扎。

颅脑外伤时，病情可能复杂多变，应禁止给予饮食，并注意瞳孔、意识和生命体征的变化，速送医院诊治。

对有严重休克或呼吸道有梗阻者，禁忌仓促搬运及远道转送，昏迷伤者应侧卧或仰卧，头偏向一侧，以防呕吐后误吸。

五、烧烫伤处理

烧烫伤遵循“冲、脱、泡、盖、送”五字原则，“冲”是指冷水冲淋降温，“脱”是指除去燃烧后或浸满热液的衣物，“泡”是指冷疗，“盖”是指创面的覆盖，“送”是指妥善的转送医院。

对电灼伤、火焰烧伤或高温汽、水烫伤均应保持伤口清洁，伤员的衣服、鞋袜用剪刀剪开后除去，伤口全部用清洁布片覆盖，防止污染。四肢烧伤时，先用清洁冷水冲洗，然后用清洁布片或消毒纱布覆盖送医院。

直接用冰敷灼伤处有可能导致组织缺血，长时间冰敷会造成小的灼伤进一步损伤，用冰或冰水冷敷灼伤处不应超过 10 分钟，尤其是烧伤比较广的（ >20% 体表面积）。

强酸或强碱灼伤应立即用大量清水彻底冲洗，并迅速将被侵蚀的衣物剪去。为防止酸、碱残留在伤口内，冲洗时间一般不少于 10 分钟。

未经医务人员同意，切忌在烧伤和灼伤创面敷擦任何东西和药物。可给伤员多次口服少量糖盐水。

六、挤压伤急救处理

对挤压伤部位早期处理是否恰当直接关系到病程发展及其预后。

救护人员应尽早搬除或松解挤压物，并尽快将伤员移至安全地带。

当有伤口时应包扎伤口，怀疑有骨折或肢体肿胀时，应当予以夹板超关节固定。

对于挤压伤伤员的患肢严禁抬高、按摩、热敷。

七、冻伤急救处理

如果冻伤使肌肉僵直，严重者深及骨骼，在救护转运过程中动作要轻柔，不要强使其肢体弯曲活动，以免加重损伤，应使用担架，将伤员平放卧躺，并抬至温暖室内救治，如果伤员无呼吸、心跳，应立即实施心肺复苏。

将伤员身上潮湿的衣服剪去后，用干燥柔软的衣物覆盖或将冻肢立即浸泡在 40 ~ 42 摄氏度的温水中 20 ~ 30 分钟，至冻区组织软化、皮肤转红。对颜面部冻伤，可用 42 摄氏度左右的温水浸湿毛巾进行局部热敷。在无温水的条件下，救护人员可先将冻肢立即置于自身或被救护者的温暖部位，严禁烤火、搓雪、冷水浸泡或用力捶打受伤部位，受冻时间超过 24 小时者不宜复温。

全身冻伤者其呼吸和心跳有时十分微弱，在未获得确切的死亡证据前，不应误认为死亡，应努力抢救。

八、动物咬伤急救处理

1. 对于毒蛇咬伤的处理方法

（1）咬伤后，不要惊慌、奔跑、饮酒，以免加速蛇毒在人体内扩散。

（2）可就地取用草绳、手帕或布带等在伤口上方（近心端）2 ~ 3 厘米处扎紧，松紧度以通过一指尖为宜，每 2 小时放松一次，每次放松 1 分钟。如果伤处肿胀迅速扩大，要检查是否绑得太紧，绑的时间应缩短，放松时间应增多，以免肢体缺血坏死。

（3）咬伤大多在四肢，应迅速从伤口上端向下方反复挤出毒液，用负压把停留在伤口内的蛇毒尽量抽吸出来，如此反复进行多次。

（4）用利器把伤口切开，用大量清水冲洗伤口至少半小时以上。如附近没有水源，可用自身尿液冲洗。注意应将伤肢固定，避免活动，以减少毒液的吸收。

（5）在咬伤后应在0.5～1小时内处理完毕，防止毒素扩散。

（6）有蛇药时可先服用，同时应立即送往医院救治。

2. 对于犬咬伤的处理方法

（1）犬咬伤后，应立即用肥皂水或清水彻底冲洗伤口至少15分钟，同时用挤压法自上而下将残留在伤口内的唾液挤出，彻底冲洗后用2%～3%碘酒或75%酒精涂擦伤口。

（2）少量出血时，不要急于止血，也不要包扎或缝合伤口。

（3）尽量设法查明该犬是否为“疯狗”，这对医院制订治疗计划有较大帮助；同时应立即送医院就诊，由专业的医生判断是否需要注射狂犬疫苗及狂犬病人免疫球蛋白。

第四节　溺水急救

溺水是常见的意外，溺水后可引起窒息缺氧，严重时会导致心跳停止的情况称为溺死。因此，对溺水者的急救就变得极为重要。

一、溺水的急救原则

1. 水中救护

（1）自救。不习水性而落水者，不必惊慌，迅速采取自救：头后仰，口向上，尽量使口鼻露出水面，进行呼吸，不能将手上举或挣扎，以免使身体下沉。会游泳的人如肌肉疲劳、肌肉抽筋也应采取上述自救办法。

（2）互救。溺水救护者要镇静，尽量脱去外衣、鞋、靴等，迅速游到溺水者附近，看准位置，从其后面靠近，不要让慌乱挣扎中的落水者抓住。用左手从其左臂或身体中间握其右手，或拖头部，然后两人均采用仰泳，(以利于呼吸）将其带至安全处。

如果救护者不习水性，可带救生圈、救生衣或塑料泡沫板、木板等，有条件的采用可以漂浮的脊柱板。若有必要，可进行口对口的人工呼吸。注意，不要被溺水者紧抱缠身，以免累及自身。

抓紧时机高声呼救，获得帮助，拨打急救电话等。

2. 岸上救护

（1）救上岸后，将病人头偏向一侧，清除口、鼻腔内的泥沙、污物，将舌头拉出口外，保持呼吸道通畅。检查呼吸、脉搏。

（2）如遇到呼吸停止、意识不清者，迅速打开其气道，口对口吹气 2 次，胸部若无起伏，按昏迷气道梗阻的方法救治。

（3）如呼吸、心搏骤停，立即采用人工呼吸术。

（4）不要轻易放弃抢救，特别是低体温情况下，应抢救更长时间，直到专业医务人员到达现场。

（5）现场救护有效，病人恢复心跳、呼吸，可用干毛巾擦遍全身，自四肢、躯干向心脏方向摩擦，以促进血液循环。

二、溺水急救的注意事项

发现有人溺水时，在保证自身安全的前提下，应设法迅速将其从水中救出，呼吸、心跳停止者用心肺复苏技术坚持抢救，受过水中抢救训练者可在水中抢救。

口对口人工呼吸因异物阻塞难以进行时，可用手指除去，如欲排除气道内的液体，推荐采用吸引的方法，其他方法如腹部冲击法具有潜在危险，故不推荐使用。

在人工呼吸或胸外心脏按压时，溺水者会出现呕吐，如呕吐，则将其头部偏向一侧，用手指、手帕或吸引的方法去除呕吐物。

在抢救溺水者时不应因“倒水”而延误抢救时间，更不应仅“倒水”而不用心肺复苏技术进行抢救。

搬动时如存在颈椎、脊柱损伤，应固定头、颈和躯干在同一直线上。

第五节 高温中暑急救

根据高温作业人员的职业史（主要指工作时的气象条件）及体温升高、肌痉挛或晕厥等主要临床表现，排除其他类似的疾病，可诊断为职业性中暑。

中暑按照症状轻重不同分为中暑先兆、轻症中暑和重症中暑。

一、中暑的急救原则

发现有高温中暑者，应立即将中暑者从高温或日晒环境中转移到阴凉通风处休息。让病人仰卧，解开衣扣，脱去或松开衣服，如衣服被汗水湿透，应更换干衣服。

用冷水擦浴、湿毛巾覆盖身体、电扇吹风或在头部置冰袋等方法降温。

意识清醒的病人或经过降温清醒的病人可饮服绿豆汤、淡盐水、含盐饮料或含盐 0.1%~0.3% 的凉开水等解暑，还可服用人丹和藿香正气水。

如果中暑者昏倒，可用手指掐压中暑者的人中或针刺双手十指指尖，等中暑者症状好转时再送往附近医院治疗。

对于重症中暑病人，要立即拨打 120 电话，请求医务人员紧急救治。

二、中暑的急救步骤

搬——转移病人：迅速将病人搬移至阴凉、通风的地方，用扇子和电扇扇风，同时垫高头部，解开衣领、裤带，以利于呼吸和散热。

擦——物理降温：用冷水或稀释至 40% 的乙醇（酒精）擦身，或用冷水淋湿的毛巾或冰袋、冰块置于病人颈部、腋窝和大腿根部腹股沟处等大血管部位，帮助病人散热。

服——使用药物：在额部、颞部（太阳穴）擦拭清凉油、风油精等提神醒脑药，或服用人丹、十滴水、藿香正气水等解暑药。

掐——按压穴位：若病人昏迷不醒，则可用大拇指按压病人的人中、合谷等穴位。

补——补充体液：病人苏醒后，给予淡糖盐水以补充体液的损失。

对于经解救清醒后的病人，必须在凉爽通风处充分安静休息，因为此时体内的抗中暑机能处于疲劳状态，若重回炎热的环境或参加体力活动，会引发比前次中暑更加严重的后果。

第六节 有毒气体中毒急救

一、对于一般有毒气体的急救原则

怀疑可能存在有害气体时，应立即将人员撤离现场，转移到通风良好处休息，抢救人员应在做好自身防护（如现场毒物浓度很高应戴防毒面具）后，才能执行施救任务，将中毒者转移到空气新鲜处。

对已昏迷中毒者应保持气道通畅，解开领扣、裤带等束缚，注意保温或防暑，有条件时给予氧气吸入。呼吸、心跳停止者应立即进行心肺复苏，并联系医院救治。

迅速查明有害气体的名称，供医院及早对症治疗。

护送中毒者要取平卧位，头稍低，并偏向一侧，避免呕吐物进入气管。

二、一氧化碳中毒的急救原则

立即将病人移到空气新鲜的地方，松解衣服，但要注意保暖。对呼吸心跳停止者立即进行人工呼吸和胸外心脏按压，并肌注呼吸兴奋剂，山梗菜碱或回苏灵等，同时给氧。昏迷者针刺人中、十宣、涌泉等穴。病人自主呼吸、心跳恢复后方可送医院。

若有条件，可做一般性后续治疗：①纠正缺氧改善组织代谢，可采用面罩鼻管或高压给氧，应用细胞色素 C15 毫克（用药前需做过敏试验），辅酶 A50 单位，ATP20 毫克，静滴以改善组织代谢；

②减轻组织反应可用地塞米松10～30毫克静滴，每日1次；③高热或抽搐者用冬眠疗法，脑水肿者用甘露醇或高渗糖进行脱水等；④严重者可考虑输血或换血，使组织能得到氧合血红蛋白，尽早纠正缺氧状态。

三、二氧化碳中毒的急救原则

首先使患者脱离中毒环境，转到地面上或通风良好的地方，然后做其他有关处理。

在消防人员需要深入地下建筑以前，最好先测试一下其中的空气成分，若在紧急情况下，没有现成的仪器，则可取一支蜡烛点着，用绳索慢慢地吊到下面，从火着、火灭来判断情况，循情进入。

根据测定情况，决定是先进入或是先改善地下建筑的空气状况。这时可使用鼓风机等促进通风，切忌盲目入内，既救不了别人，又害了自己。

经过通风处理后，救护人员方可入内救人。但为了保障安全，预防意外发生，仍需用安全绳、导引绳等，若用防毒面具，则更为理想。

救出的人员，应立即移至空气新鲜通风良好的地方，松开衣领、内衣、乳罩和腰带等。对呼吸困难者立即给予氧气吸入，或做口对口人工呼吸，必要时注射呼吸中枢兴奋剂。对心跳微弱已不规则或刚停止者，同时施行胸外心脏按压，注射肾上腺素等。

救援者本人进入地下建筑内后，若感到头晕、眼花、心慌、呼吸困难等症状，立即返回，以免中毒。即使佩戴防毒面具，也应严格计算时间，切勿大意。

四、六氟化硫中毒的急救原则

六氟化硫属气体，是一种无毒、无味、无色、化学上极稳定的物质。它具有优越的电气绝缘和灭弧性能，已越来越广泛地应用在电气设备中。但在其合成过程中和电弧作用下，由于渣质的存在（尤其是水分的存在），使得六氟化硫气体中产生硫、氟、氢、氧、碳等15种元素组的化合物。其中相当一部分有腐蚀性、刺激性和毒性，而且危及人员安全。

一般六氟化硫气体中毒后会出现不同程度的流泪、打喷嚏、流涕，鼻腔咽喉有热辣感，发音嘶哑、咳嗽、头晕、恶心、胸闷、颈部不适等症状。若在现场发现六氟化硫中毒人员，应该迅速将中毒伤者脱离现场送至空气新鲜处，保持呼吸道通畅。如呼吸困难，应输氧；如呼吸停止，立即进行人工呼吸，并迅速送到医院急救。

第七节　伤员搬运急救

一、伤员搬运的基本原则

当发生紧急情况需要搬运伤员时，现场需经过必要的处理后，才能够搬运伤员。在搬运过程中，密切观察伤员病情，监测其生命体征，若病情恶化，应立即停止搬运，就地抢救。同时搬运动作轻柔、迅速，避免不必要的震动。

二、伤员搬运的方法

1. 单人徒手搬运法

（1）扶持搬运法。伤员一只手放在救护者肩上，救护者扶持伤员行走。宜用于病情较轻、能够站立行走的伤员，如图7-14所示。

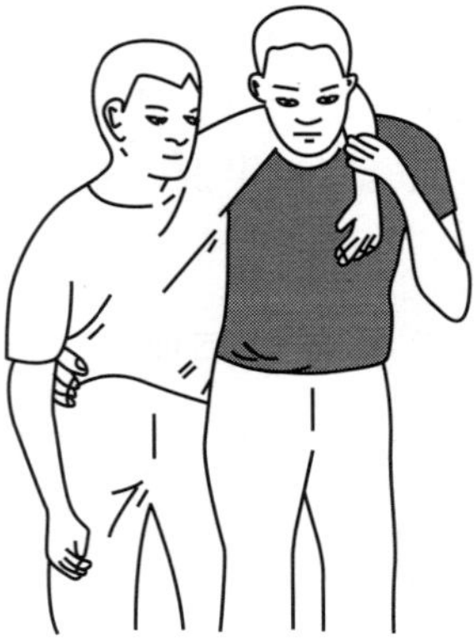

图7-14　扶持搬运法

（2）抱持搬运法。伤员双手环抱救护者颈部、双肩部，救护者一手抱住伤员腰背部，另一手托起大腿。不宜用于怀疑脊柱损伤、骨盆骨折的伤员，如图 7-15 所示。

（3）背负搬运法。伤员前胸紧贴救护者后背，将双上肢放在救护者胸前，救护者用双前臂托住伤员大腿。不宜用于怀疑脊柱或肋骨有损伤的伤员，如图 7-16 所示。

图 7-15 抱持搬运法

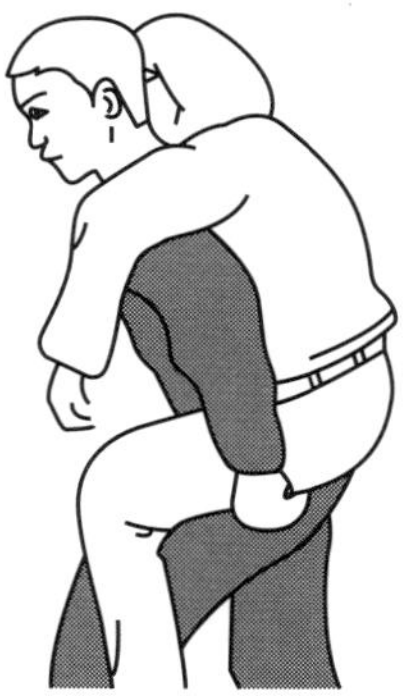

图 7-16 背负搬运法

（4）肩负搬运法。将伤员扛在肩上，救护者单手抱住伤员腿部并牵住伤员同侧上肢。不宜用于呼吸困难、胸部创伤或者怀疑脊柱、肋骨有损伤的伤员，如图 7-17 所示。

图 7-17 肩负搬运法

（5）拖拉搬运法。伤员卧位，救护者在伤员后方，双手绕过伤员腋下，用上臂的力量拖拉。不宜用于怀疑脊柱损伤、四肢骨折的伤员，如图 7-18 所示。

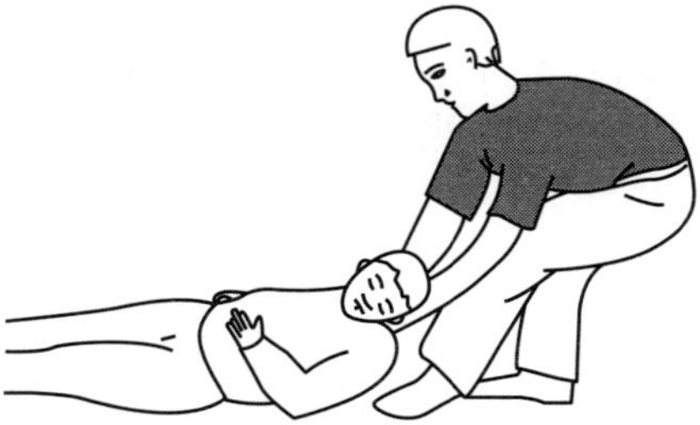

图 7-18　拖拉搬运法

2. 双人徒手搬运法

（1）拉车搬运法。一名救护者抱住伤员双腿，另一名救护者从腋下抱住伤员。不宜用于怀疑脊柱损伤、骨盆骨折或双下肢骨折的伤员，如图 7-19 所示。

（2）椅托式搬运法。两名救护者面对面，一名救护者的左手抓住另一名救护者的右手手腕，置于伤员膝后侧，另一手抱住伤员的腋下，呈座椅状，伤员双手搭在两名救护者的双肩上。不宜用于怀疑脊柱损伤、骨盆骨折或四肢骨折的伤员，如图 7-20 所示。

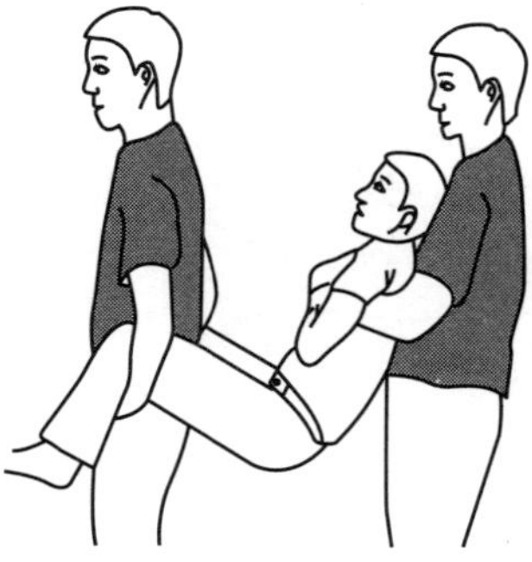

图 7-19　拉车搬运法

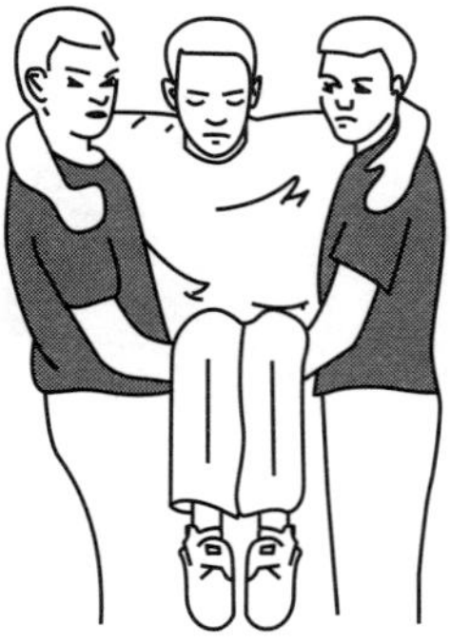

图 7-20　椅托式搬运法

（3）平抬搬运法。两名救护者站在伤员同侧，双手平抱伤员颈部、背部、臀部及大腿，动作一致地将伤员托起。宜用于胸部创伤的伤员，如图 7-21 所示。

（4）扶持搬运法。伤员两只手分别放在两名救护者的双侧肩上，救护者扶持伤员行走。不宜用于怀疑脊柱损伤、骨盆骨折或双下肢骨折的伤员，如图 7-22 所示。

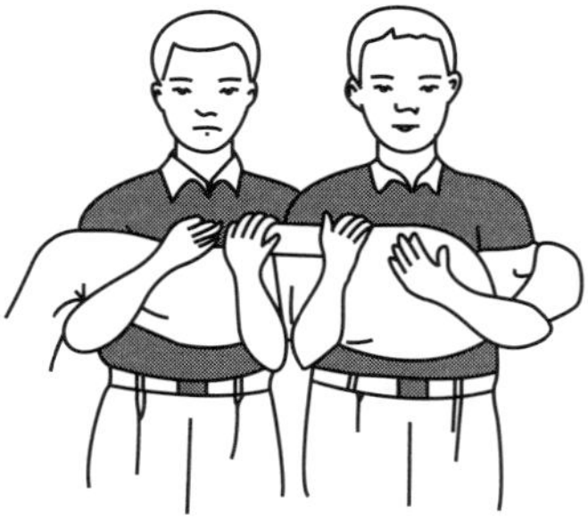

图 7-21 平抬搬运法

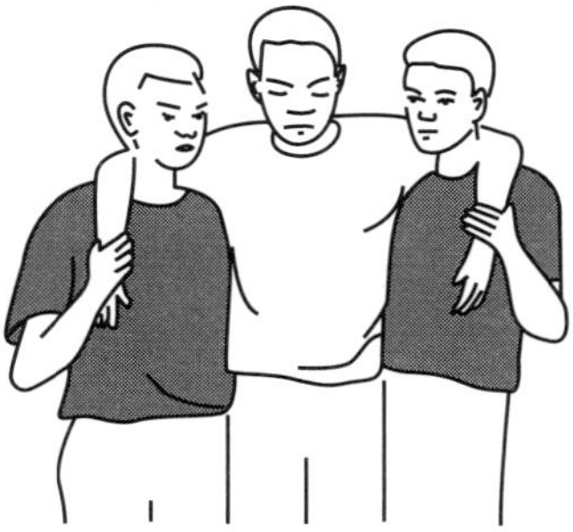

图 7-22 扶持搬运法

（5）多人徒手搬运法。三人徒手搬运法：三名救护者站在伤员同侧一人用双手抬颈肩部、背部，另一人抬腰部、臀部，第三个人抬下肢，动作一致地将伤员托起。宜用于怀疑脊柱损伤的伤员，如图 7-23 所示。

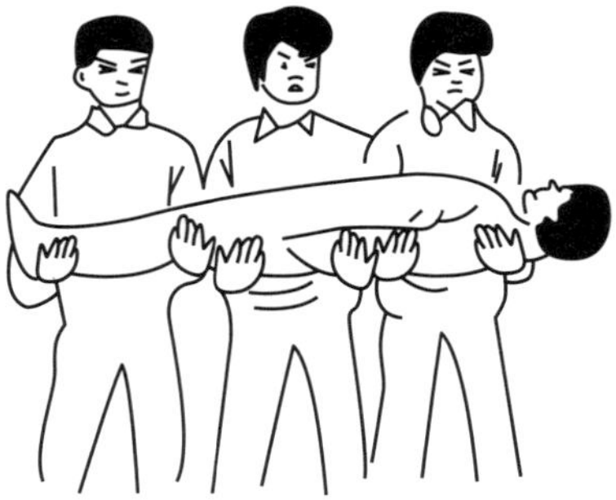

图 7-23 多人徒手搬运法

3. 器械搬运法

（1）担架搬运法。将伤员抬至担架并固定后，抬担架两端即可。如无担架，可用绳索、衣服、床单、竹竿、门板等制作简易担架。绳索简易担架如图 7-24 所示。自制衣服担架如图 7-25 所示。一般平地搬运担架时，应让伤员足向前方；在上楼梯、上坡路面，或者抬上救护车时，则伤员头部向前方。

图 7-24　绳索简易担架

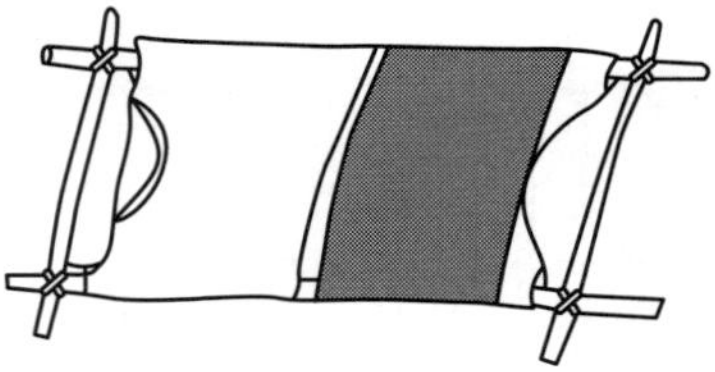

图 7-25　自制衣服担架

（2）毯式搬运法。将伤员置于毛毯、床单等中间，两侧向内卷曲，至少由四名救护者搬运。不宜用于胸部创伤、四肢骨折、脊柱损伤及呼吸困难的伤员，如图 7-26 所示。

图 7-26　毯式搬运法

（3）椅式搬运法。伤员在椅子上坐稳并固定后，两名救护者分别抬椅子的前、后侧。宜用于胸部创伤的伤员，如图 7-27 所示。

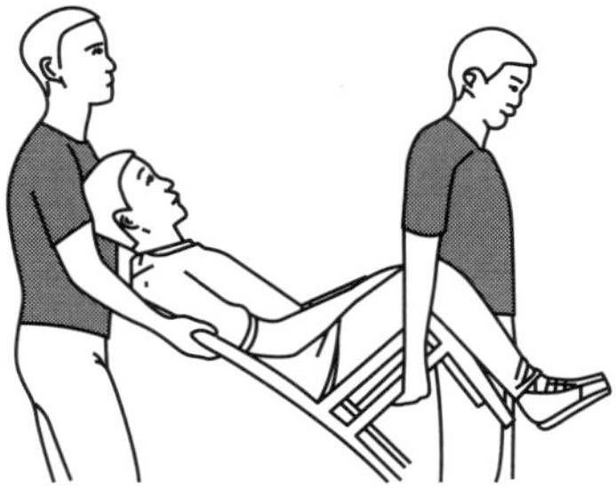

图 7-27 椅式搬运法

三、注意事项

1. 伤势较重，有昏迷、内脏损伤、骨盆骨折、双下肢骨折、腹部内脏脱出的伤员应使用担架器材搬运。

2. 搬运呼吸困难的伤员，应采取坐位，宜用椅式搬运法。

3. 昏迷或有呕吐窒息危险的伤员，使伤员侧卧或俯卧于担架上，头偏向一侧，在保证呼吸道通畅的前提下搬运转送。

4. 搬运休克伤员，应半卧位，双下肢抬高。

5. 颈椎损伤、颅脑损伤的伤员在搬运时，应固定头颈部。

6. 脊柱损伤或疑似损伤的伤员，采取“轴向”搬运方式平放于硬质担架或硬板上，不可背负或屈曲位搬运。

本章小结

1. 院外急救是指在医院之外的环境中对各种危及生命的急症、创伤、中毒、灾难事故等伤病者进行现场救护、转运及途中救护的统称。

紧急救护应就地抢救，动作迅速、果断，方法正确、有效。紧急救护的基本原则：在现场采取积极措施保护伤员生命，减轻伤情，减少痛苦，并根据伤情需要，迅速联系医疗部门救治。急救的成功条件是动作快，操作正确，任何拖延和操作错误都会导致伤员伤情加重或死亡。

2. 触电后1分钟开始救治，伤者有90%的概率会复苏，而从触电后6分钟开始救治，伤者的复苏概率会下降到10%，如果触电时间继续延长，伤者被救活的可能性会进一步降低，12分钟后开始抢救，复苏概率几乎为0。

触电急救的救护原则为迅速、就地、准确、坚持。

使触电者脱离低压电源方法：(1) 立即拉开开关或拔出插头；(2) 使用绝缘工具、干燥木棒、木板、绳索等不导电的东西解脱触电者，或将自己的手进行绝缘包裹后抓住触电者干燥而不贴身的衣服将其拖开（切记要避免碰到金属物体和触电者的裸露身躯）；(3) 用干木板塞到触电者身下；(4) 用干木把斧子或有绝缘柄的钳子等将电线弄断；(5) 如果触电发生在电缆沟道、隧道内，且不能立即断开电源开关时，宜采取抖动电缆的方式使触电者脱离电源。

使触电者脱离高压电源方法：(1) 立即通知有关供电单位或用户停电；(2) 戴上绝缘手套，穿上绝缘靴，用适合该电压等级的绝缘工具按顺序拉开电源开关或熔断器；(3) 极端情况下，抛掷裸金属线使线路短路接地，迫使保护装置动作，断开电源。

触电者脱离电源后，应尽量在现场抢救：(1) 判断触电伤员意识，拨打当地紧急救援电话来通知紧急救援中心；(2) 10秒内判断触电伤员呼吸和心跳，如10秒内不能明确感觉到脉搏，立即进行心肺复苏；(3) 将触电伤员就地躺平，颈部与躯干始终保持在同一个轴面上，解开领扣和皮带，去除或剪开限制呼吸的胸腹部紧身衣物；(4) 使用自动体外除颤仪（AED）对有目击心搏骤停的成人进行除颤；(5) 定位；(6) 以每分钟100～120次速率匀速进行胸外按压；(7) 仰头抬颏手法开放气道；(8) 人工呼吸；(9) 按压吹气2分钟后（5组30∶2按压吹气循环），用听、看、试的方法在5～10秒时间内完成对伤员呼吸是否恢复后再判断。

3. 创伤急救原则上是先抢救，后固定，再搬运，并注意采取措施，防止伤情加重或污染，需要送医院救治的，应做好保护伤员的措施后再送医院救治。遵循的顺序原则为先抢后救、先重后轻、先急后缓、先近后远、继续监护、救治同步。

失血处理方法：抬高伤肢法、加压包扎止血法、屈肢加垫止血法、填塞止血法、指压止血法、止血带止血法等。

烧烫伤遵循“冲、脱、泡、盖、送”五字原则，“冲”是指冷水冲淋降温，“脱”是指除去燃烧后或浸满热液的衣物，“泡”是指冷疗，“盖”是指创面的覆盖，“送”是指妥善的转送医院。

4. 溺水的急救原则：水中救护和岸上救护。

5. 中暑急救步骤：①搬——转移病人；②擦——物理降温；③服——使用药物；④掐——按压穴位；⑤补——补充体液。

6. 有毒气体的急救原则：①立即将人员撤离现场，转移到通风良好处休息，抢救人员应在做好自身防护后，才能执行施救任务，将中毒者转移到空气新鲜处。②对已昏迷中毒者保持气道通畅，解开领扣、裤带等束缚，注意保温或防暑，有条件时给予氧气吸入。呼吸、心跳停止者应立即进行心肺复苏，并联系医院救治。③迅速查明有害气体的名称，供医院及早对症治疗。

7. 伤员单人徒手搬运方法：①扶持搬运法；②抱持搬运法；③背负搬运法；④肩负搬运法；⑤拖拉搬运法。

伤员双人徒手搬运方法：①拉车搬运法；②椅托式搬运法；③平抬搬运法；④扶持搬运法；⑤多人徒手搬运法。

器械搬运方法：①担架搬运法；②毯式搬运法；③椅式搬运法。

第七章复习思考题

一、填空题

1. 院外急救是指在医院之外的环境中对各种危及生命的________、创伤、中毒、灾难事故等伤病者进行________、转运及途中救护的统称。

2. 人触电后，会出现神经麻痹、________、________等现象。

3. 触电急救的救护原则为________、就地、准确、________。

4. 在胸锁乳突肌内侧触摸颈动脉是否有搏动，检查时间不要超过________秒。

5. AED 中文名称为________。

6. 胸外按压要以均匀的速度进行，每分钟________次，每次按压和放松的时间相等。

7. 创伤急救所遵循的顺序原则为________、先重后轻、________、先近后远、继续监护、________。

8. 失血处理有以下几种方法：________、指压止血法、________、填塞止血法、________、屈肢加垫止血法等。

9. 中暑按照症状轻重不同分为________、________和重症中暑。

10. 用冷水擦浴、________、电扇吹风或________等方法降温。

11. 单人徒手搬运法包括扶持搬运法、________、背负搬运法、________、拖拉搬运法。

二、选择题

1. 应在(　　)秒内用看、听、试的方法判定伤员有无呼吸。

A. 5　　B. 8　　C. 10　　D. 15

2. 下列不属于使触电者脱离低压电源方法的是(　　)。

A. 立即拉开开关或拔出插头

B. 用绝缘工具、干燥木棒、木板、绳索等不导电的东西解脱触电者

C. 抛掷裸金属线使线路短路接地，迫使保护装置动作

D. 用干木板塞到触电者身下

3. 进行胸外心脏按压时垂直将正常成人胸骨压陷(　　)厘米。

A. 4~5　　B. 5~6　　C. 6~7　　D. 7~8

4. 单人抢救时，每按压(　　)次吹气(　　)次，反复进行。

A. 30，1　　B. 30，2　　C. 1，30　　D. 2，30

5. 烧烫伤遵循(　　)五字原则。

A. 脱、冲、泡、盖、送　　B. 脱、冲、送、泡、盖

C. 冲、脱、泡、盖、送　　D. 冲、脱、盖、泡、送

6. 中暑的急救步骤(　　)。

A. 搬、擦、服、掐、补　　B. 搬、服、擦、掐、补

C. 掐、搬、擦、服、补　　D. 掐、搬、擦、补、服

三、问答题

1. 紧急救护的基本原则有哪些?
2. 低压触电可采用哪些具体的方法使触电者脱离电源?
3. 什么是抬高伤肢法?
4. 溺水急救的注意事项有哪些?
5. 中暑的急救步骤有哪些?

参 考 文 献

[1] 吴新辉，汪祥兵．安全用电［M］．4 版．北京：中国电力出版社，2019.

[2] 杨文学，林建军．电力安全技术［M］．北京：中国电力出版社，2014.

[3] 王晴．电力建设班组建设工作手册［M］．北京：中国电力出版社，2014.

[4] 王柳．电力生产安全技术及管理［M］．2 版．北京：中国水利水电出版社，2014.

[5] 姜晨光．建设工程施工安全技术［M］．北京：中国电力出版社，2014.

[6] 李光辉．电力生产概论［M］．北京：中国电力出版社，2009.

[7] 张殿华，李坤，董伟．电力企业新工人三级安全教育读本［M］．北京：中国劳动社会保障出版社，2008.

[8] 陈积民．电力安全生产［M］．北京：中国电力出版社，1998.

[9] 藏起喜，孟祥泽．电力建设班组安全工作手册［M］．北京：中国电力出版社，2011.

[10] 浙江省电力公司．电力安全生产基础知识［M］．北京：中国电力出版社，1999.

[11] 国家电网公司人力资源部组．电力安全生产及防护［M］．北京：中国电力出版社，2010.

[12] 乔新国．电气安全技术［M］．2 版．北京：中国电力出版社，2009.

[13] 黄兰英．电力安全作业［M］．北京：中国电力出版社，2011.

[14] 国家电网公司．国家电网公司电力安全工作规程（变电部分）［M］．北京：中国电力出版社，2009.

[15] 范维澄．火灾风险评估方法学［M］．北京：科学出版社，2004.

[16] 周秀华．急危重症护理学［M］．北京：人民卫生出版社，2005.

[17] 余贻鑫，陈礼义．电力系统的安全性与稳定性［M］．北京：科学出版社，1988.

[18] 刑娟娟．用人单位职业卫生管理与危害防治技术［M］．北京：中国工人出版社，2012.